毛线球 keitodama ㊺

姹紫嫣红的手编毛衫

日本宝库社 编著　　蒋幼幼　如鱼得水 译

河南科学技术出版社
·郑州·

keitodama

目　录

爱沙尼亚

圣马丁手工艺博览会，线下举办！

上／爱沙尼亚的传统装饰 HIMMELI 是用麦秆做成的，很牢固
下／编织的毯子和餐垫

2022年11月初，圣马丁手工艺博览会在爱沙尼亚首都塔林成功举办。受新冠疫情影响，自2019年以后，2020年和2021年都是线上举办的，所以这次是时隔3年的线下盛会。和往年一样，本次依然在塔林城郊举办。入场费是先前价格的两倍，有点令人吃惊。

和往常一样，会场的中心是舞台，舞台周围是爱沙尼亚当地的各种手工艺品展台，靠墙壁的地方展示了传统的爱沙尼亚手工艺品，还举办了相关的研习会，并进行手工艺品的销售。舞台上演奏着波罗的海周边地区盛行的堪特列琴，穿着民族服装的人们在音乐声中欢欣起舞。

在爱沙尼亚的这种展会上，还经常看到狗毛混纺的毛线。这里使用的狗毛不是狗狗身体表面

的长毛（相当于外套），而是里面用来保暖的绒毛（相当于内衣）。我试着戴上用这种线编织的连指手套，它比想象中还要暖和。这里销售最多的针织品是连指手套和袜子。另外，还有专门销售乌克兰女性编织的针织衫的摊位。

乌克兰危机是新冠疫情以来的重大事件。希望世界早点恢复和平，这样战乱地区那些热爱手工的人们就可

会场全貌，里面人山人海

以继续享受手工带来的美好了。

撰稿／兰卡拉·美穗子

芬兰

欧洲规模最大的坦佩雷手工展

上／展会第一天上午的会场一角
下／观众完成的戳戳绣。因为是第一天，所以只绣了一点

2022年坦佩雷手工展的盛况，让人觉得仿佛新冠疫情已经结束了一样。在为期三天的时间里，参观人次超过4.2万，参展商为650家。为表彰今年最活跃的手工艺者，总统夫人燕妮·豪吉欧（Jenni Haukio）在线上参观了这个展会。

展会第一天我便去了现场。在从赫尔辛基开往坦佩雷的列车上，乘客几乎都是女性，几乎所有人都在坦佩雷站下车。走了一小会儿就有去会场的巴士，虽然增加了车次，但巴士还是坐满了。在会场，大型展位上也有很多人排队，比前一年热闹得多。

在展会中，芬兰编织设计师们或者在人群中穿梭，或者在展位上镇定自若地演示着。我只去了一天，三天都去的话可能会见到更多的设计师。我们曾介绍过的莫拉·米尔斯在装毛线的箱子展位上编织着，一脸销售员的神情。在休息区，我还看到了吃

着自带午餐的年轻编织设计师群体。

毛线和编织品自不必说，戳戳绣（punch needle）也很受人欢

会场里的坦佩雷地标建筑花样的袜子

迎。在手工行会的展区，还放置了绘着底稿的十字布，以便观众自由体验刺绣。

2023年的手工展计划在11月17～19日举行。眼下海外旅行已经放开，届时记得来这个占用会场整整四个大厅的欧洲规模最大的手工展一饱眼福啊。

撰稿／兰卡拉·美穗子

英国

针织服装展——从香奈儿到韦斯特伍德

Dovecot画廊的外观

伦敦的时装和纺织品博物馆（Fashion and Textile Museum）主办了马克·克里奥·巴托菲尔德的个人藏品展，展出了超过150件的20世纪的针织服装：20世纪初的法国时装设计师嘉柏丽尔·香奈儿和20世纪后半期的英国时装设计师维维安·韦斯特伍德的作品。2023年3月11日前一直在爱丁堡Dovecot画廊展出。

英国维多利亚女王时期（1837—1901年）和爱德华七世时期（1901—1910年），编织的毛衣、围巾、帽子、手套等，都追求保暖和便于活动。第一次世界大战结束后，参与社会工作的女性变多，人们的生活方式发生了变化，女性服装也从礼服变成了便于活动的毛衫。在这个时代活跃的时装设计师是嘉柏丽尔·香奈儿，也就是香奈儿品牌的创立人。脱下紧身衣，穿着羊毛针织面料的毛衣、裙子，是当时最顶尖的时尚。

20世纪20年代，爱德华王子在打高尔夫时穿了一件设得兰岛民进献的费尔岛毛衣，使这种提

20世纪20年代的人造丝材质的钩编裙装。两侧的外套是羊毛材质的

花毛衣迅速成为风靡欧洲的传统英伦风毛衣的一种。在回顾针织服装的历史时，这是不可忽略的时尚之一。另外，在那个时代，人造丝也经常被使用。或许是因为它有着像丝绸一样的光泽，且穿着舒适。

令人吃惊的是用毛线编织的泳衣。在20世纪50年代开始使用有伸缩性的布料之前，针织泳衣似乎是主流。平纹针织面料的泳衣非常合身，且便于活动，自20

世纪初兴起，30年代还可以看到装饰艺术样式的图案，很有时代特色。

在20世纪40年代的美国，因好莱坞明星在电影中穿着针织服装而掀起编织热潮，据说当时很流行男士的便服针织衫。进入50年代后，针织服装从日常服饰变成了时尚潮流服饰，上面开始装饰珠子，可以在参加派对和外出时穿着。据说60～70年代出现钩针编织的热潮，甚至还影响到时

尚设计师，他们在设计中也开始运用钩针编织元素。

20世纪80年代，维维安·韦斯特伍德和COMME DES GARCONS的川久保玲进行了独树一帜的创新性尝试，创作出颇具社会影响力的设计。

这是一场反映时代变迁的针织服装展，也是一场非常吸引人的展览。

撰稿/横山正美

左/20世纪50年代的特色毛衣。领口装饰着刺绣花朵和宝石，腰部收紧
下/20世纪20~30年代的费尔岛毛衣和马甲

爱丁堡城市的象征——爱丁堡城堡

春光烂漫的钩编毛衫

春天，总是不禁想穿上钩针编织的毛衫。简单、漂亮，带着些许怀旧的气息，钩编毛衫是时尚的重要元素。脱掉笨重的外套，轻松愉快地出门吧。

photograph Shigeki Nakashima styling Kuniko Okabe,Yuumi Sano hair&make-up Daisuke Yamada model MILANA

扇贝花样两片式马甲

用钩针编织当下流行的两片式马甲。使用亚麻线钩织一个个小巧的单元花，前后身片通过带子连接，既可以搭配裤子，也适合搭配裙子。选择明媚的黄色，让人眼前一亮。

设计／风工房
编织方法／79页
使用线／芭贝

网格花样清爽短袖毛衫

简单的网格花样，给人清爽的感觉。长针、长长针和锁针组合而成的网格花样，竟然可以如此地好看！除领窝以外只需要等针直编即可，编织起来很轻松。

设计 / 奥住玲子
编织方法 /82 页
使用线 / 芭贝

镂空花样吊带裙

使用优美的镂空花样钩织复古风情的吊带裙。从育克开始向下加宽，钩织出裙褶，穿脱很方便。

设计/河合真弓 制作/松本良子
编织方法/88页
使用线/奥林巴斯

花样雅致的中袖衫

简单的花样和纤细的花样组合，在衣袖上布局花朵花样。袖口略微收缩，加上狗牙边装饰，增添了几许甜美的感觉。

设计 / 冈 真理子
制作 / 大西二叶
编织方法 /84页
使用线 / 奥林巴斯

组合花样的优雅开衫

优雅的开衫，合身的款式，很适合日常穿着。连接花片和简单的基础花样组合，甚是吸引眼球。

设计／冈本真希子
编织方法／95页
使用线／Ski毛线

拼接花样的雅致半身裙

使用丝麻材质的线，钩织拼接花样的半身裙。下摆低调
的配色，让裙子看起来更显沉稳。低饱和度的颜色，别
有一番魅力。

设计 / 笠间 绫
编织方法 /92 页
使用线 /Ski 毛线

锯齿花样段染线毛衫

这款毛衫使用的锯齿花样很像布鲁日蕾丝，横向钩织，大胆设计。下摆和肩线加入了花朵花片，非常用心。钩织过程中，还可以体味到段染线色彩变化的乐趣。

设计/岸 睦子 制作/志村真子
编织方法/104页
使用线/钻石线

清爽的中袖毛衫

弯弯曲曲的波浪形花样和方眼编织的基础花样在育克位置切换。带着微妙感觉的混色线毛衫不仅清爽，穿上还很显白，且不挑年龄。

设计／河合真弓　制作／冲田喜美子
编织方法／101页
使用线／钻石线

镂空花样的长马甲和长手套

想要穿得漂亮时，就会想到像连衣裙一样的长马甲。可以直接穿在身上，也可以再钩织一双优美的长手套给光溜溜的胳膊戴上，这样会更显雅致。单侧大开口，走动时更显摇曳多姿。

设计／大田真子　制作／须藤晃代
编织方法／110页
使用线／芭贝

简约优美的两片式马甲

根据搭配服装的不同，这款简约优美的马甲可以在多个季节穿着。两侧无须缝合，通过腰带连接，给人休闲轻便的感觉。

设计 /yohnKa
编织方法 /102页
使用线 /DARUMA

第26回

野口光的织补缝大改造

织补缝是一种修复衣物的技法，在不断发展、完善中。

野口 光

创立"hikaru noguchi"品牌的编织设计师。非常喜欢织补缝，还为此专门设计了独特的蘑菇形工具。处女作《妙手生花：野口光的神奇衣物织补术》中文简体版已由河南科学技术出版社出版，正在热销中。第2本书《修补之书》由日本宝库社出版。

【本期话题】

纤薄的衬衫上面伤痕累累……

织补前

经常摩擦的地方
陆陆续续都破了

photograph Shigeki Nakashima styling Kuniko Okabe,Yuumi Sano
hair&make-up Hitoshi Sakaguchi model Jennifer Mai

本次使用的织补工具

大约8年前，在印度旅行时入手一件用手纺线手工织成的全棉细布（cotton lawn）手缝的衬衫。洗涤后很快变干，非常方便出差时穿着，所以我愉快地穿了5年。大约3年前，经常摩擦的肩部和胁部开始出现破损痕迹。最近3年，基本上一直都在重复缝补、穿上、破了……寻找接近的面料，衬在反面缝补；如果是比较大的破洞，就再加上水溶布一起缝，以增强破洞位置的稳固性。

虽然这件衬衫已经磨损得不复当年模样，但我还是头一次如此关注一件衬衫。每每想到那些种植棉花的人、采摘棉花的人、纺纱成线的人、纺线成布的人、设计衬衫的人、缝制衬衫的人，似乎可以感受到他们氤氲在衬衫上的呼吸。将来真到要和这件衬衫告别的时候，我就把它埋在自己院子里，之后它就可以变成肥料回归大地的怀抱吧。通过穿穿补补，完美衔接生态链。

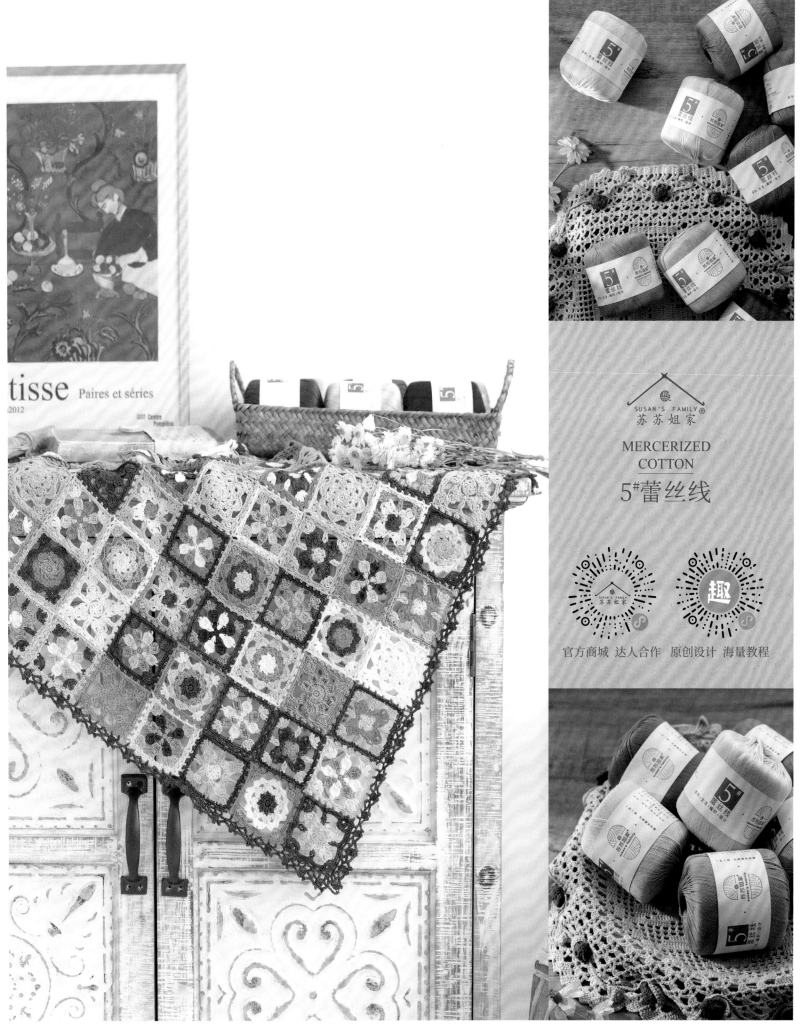

四种尺码的毛衫编织

本期介绍的是一款适合春日外出穿搭的半身裙，穿起来飒爽利落。
裙摆随着春风摇曳，走动间尽显曼妙风情。

photograph Shigeki Nakashima styling Kuniko Okabe,Yuumi Sano hair&make-up Hitoshi Sakaguchi model Jennifer Mai

人字形和格子花样的
喇叭裙

本期这款针织裙从腰部到下摆整体都加入了花样。

腰部没有穿入松紧带，而是采用了抽绳的设计。

从腰部的罗纹开始往下编织，花样排至下摆。花样的选择也便于改变尺码，这样的考虑真的很贴心。

宽大的喇叭形设计确实非常考验编织者的耐心，不妨慢慢地编织，欣赏逐渐呈现出来的花样。

腰部的宽罗纹设计自带束腰的视觉效果，宽大的喇叭形设计还可以遮盖烦人的肚腩。夏季线编织的裙子比较透气，宽大一些也感觉很清凉。

腰部的罗纹针结束后，接着编织宛如连绵山峰的人字形花样。格子花样仿佛是由上下针组成的织带相互交错编织而成，中间形成了镂空，编织起来也充满乐趣。

使用麻线编织，作品爽滑、舒适。内搭不同的紧身裤袜可以穿上3个季节，非常实用。

制作 / 饭岛裕子
编织方法 / 114页
使用线 / 和麻纳卡

腰部罗纹
所有尺码都在距离编织起点5cm左右的位置留出穿绳孔。

宽度
包括腰部罗纹上的穿绳孔位置在内，从上往下连在一起计为1个花样。放大尺码时，通过1个花样的重复次数就可以简单地进行调整。

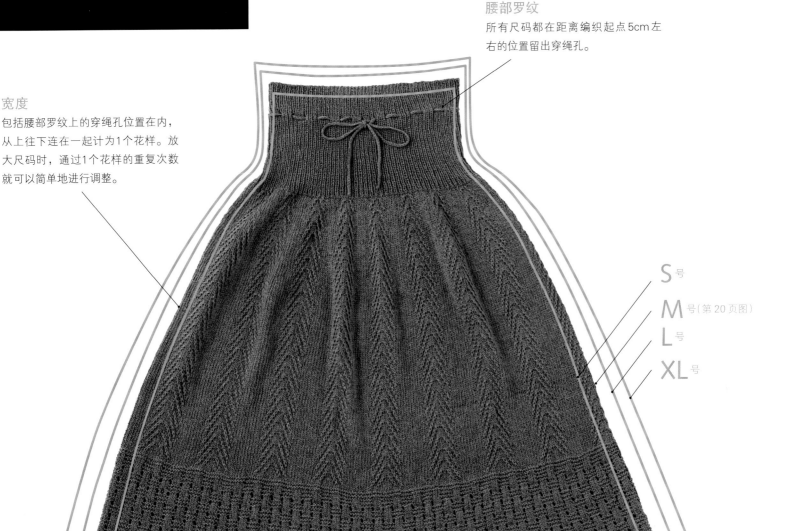

S 号
M 号（第20页图）
L 号
XL 号

长度
为减少烦琐的操作和控制重量，通过腰部罗纹而不是裙摆进行长度调整。如果还不足以达到想要的长度，S、M号和L、XL号可以分别在编织花样A无须加减针的位置进行调整。这款设计本身就偏长，如果想要缩短长度，请在编织花样A部分以"6行1个花样"为单位进行调整。

以编织花样为基准改变尺码，因此尺寸的变化并不均匀。

michiyo

曾在服装企业做过编织策划工作，目前是一名编织作家。内容从儿童毛衫到成人服饰，著作颇丰。现在主要通过网上商店 Andemee 发布设计。

4

兴趣指引方向
「藤田佑辉」

photograph Bunsaku Nakagawa　text Hiroko Tagaya

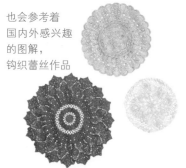

也会参考着
国内外感兴趣
的图解，
钩织蕾丝作品

为孩子编织的
套装。
编织量很少，
但是细节满满

自己穿的连帽针织外套。
听说经常编织毛衣

藤田佑辉（Yuki Fujita）

现居神奈川县。iOS应用软件工程师。拥有8年的编织经验，同时自学iOS应用软件开发，曾经开发过编织专用的"编织计数器"APP。最近的烦恼是儿子是否愿意一直穿手编的毛衣。他有一个不为人知的梦想，就是运用APP和IT技能构建编织界的生态系统。喜爱的食物是炸鸡块。

本期嘉宾是 iPhone APP "编织计数器"的开发者藤田佑辉老师。藤田老师接触编织纯属意外。"我很喜欢看书，为了在上下班的电车上看书，一直有收集书皮的习惯。8年前偶然在网上看见一个编织的书皮，询问母亲后才知道可能是用短针编织的。我想自己应该也能制作吧，于是买了入门书。这便是我与编织的结缘。"

之后，藤田老师也没有跟着谁学习，而是看着编织图和步骤详解一路自学编织，真是太厉害了！

"看懂编织图可能并不难。不过，在 R 网第一次看到海外的编织文字说明时，我才感觉到，自己以前看着图解一边想象一边编织的所有步骤都可以写得这么具体，理论上也很容易理解。"

他说这就是开发"编织计数器"的灵感来源。

"以前我会把图解复印下来，经常确认编织到哪里了。这样一来难免需要复印很多张，想着如果可以在智能手机屏幕上确认就轻松多了。当初开发这个APP是为了方便自己使用，并没有打算公开。开发的功能也局限于确认编织的位置以及跳出来几行做1次什么操作的指示。譬如，编织阿兰花样时，开始一直做下针编织，中途可能每8行要交叉1次。所以编织到第15行时，就会跳出'接下来做第2次交叉'的提示。"

这就像汽车导航。因为它会告诉你接下来要做什么，所以很容易理解。我顺便问起了其他构思中的编织 APP。

"我曾经想过，是否可以开发出一种 APP，只要拍摄下毛衣的花样就能自动转化成编织图。结果，因为需要存储的数据过于庞大，这个想法也就止步于此了。机器学习和 AI（人工智能）是在什么样的机制下存储数据并做出决策的呢？当我想要深入了解这种机制时，发现还需要微积分的知识。"

书架上的一排微积分图书就是这么来的。"高中时要是再努力一点就好了。"藤田老师笑着说。不光是编织，就连微积分也是自学的，真是吓了一跳。看来，藤田老师是那种对喜欢的事情锲而不舍的类型。

"小学时，母亲在百元店买来星球大战的录像带，让我一度为之着迷。星球大战还出了很多本小说，上大学之前我应该全部看过了（笑）。"

这或许就是藤田老师的秉性。

"我本来就是 IT 行业的工程师，开始编织后，偶然从同事那里听说可以自己开发 iPhone 的 APP。所以，编织计数器的开发可以说是从事现在的 iOS 工程师工作的契机。这是连我自己也没有想到的，感觉很有意思。"

单纯地追求喜欢的事情后，工作也在意想不到的地方得到了拓展。编织的也都是家人的日常用品，比如小儿子的毛衣和玄关的地垫等。兴趣爱好为藤田老师带来了温馨的日常生活。

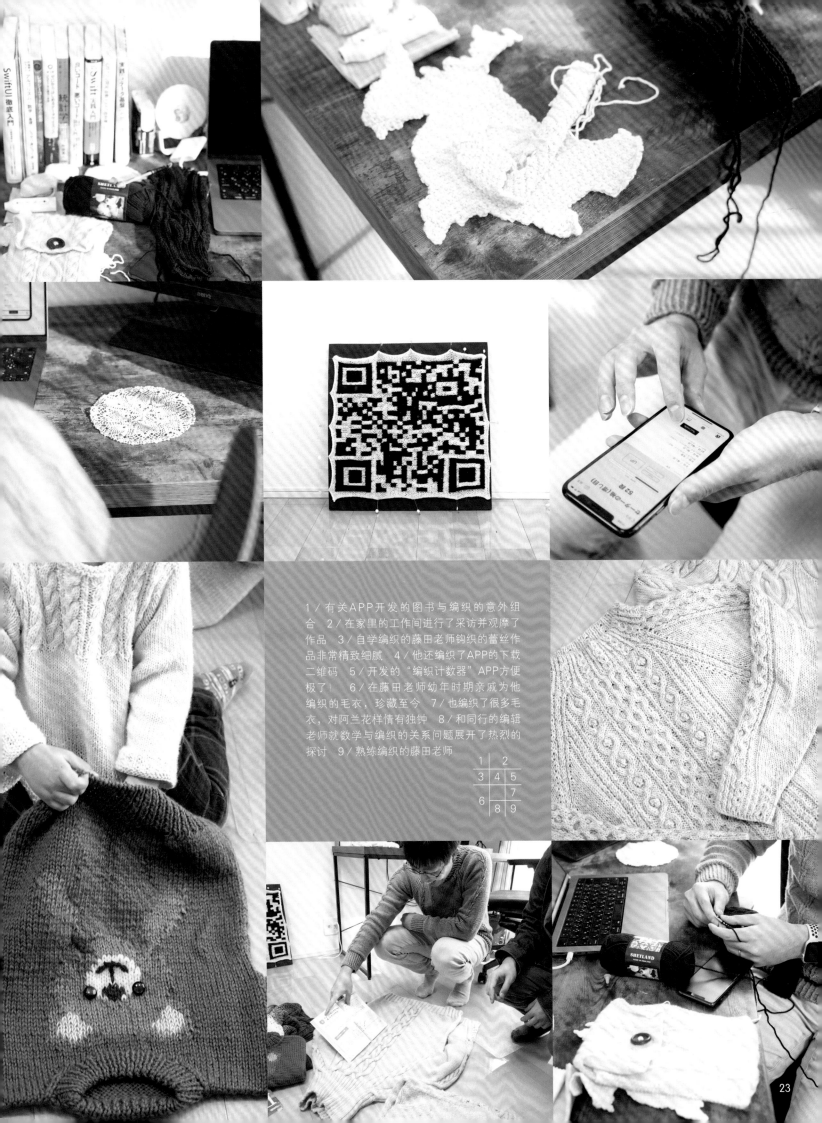

1／有关APP开发的图书与编织的意外组合　2／在家里的工作间进行了采访并观摩了作品　3／自学编织的藤田老师钩织的蕾丝作品非常精致细腻　4／他还编织了APP的下载二维码　5／开发的"编织计数器"APP方便极了！　6／在藤田老师幼年时期亲戚为他编织的毛衣，珍藏至今　7／也编织了很多毛衣，对阿兰花样情有独钟　8／和同行的编辑老师就数学与编织的关系问题展开了热烈的探讨　9／熟练编织的藤田老师

1	2	
3	4	5
6		7
	8	9

棒针和钩针编织的绚丽花海

Knit & Crochet

盼望着，盼望着，春天来了。做好迎接新季节的准备了吗？
用色彩缤纷的花朵花片，编织美美的毛衫和小物吧。

photograph Hironori Handa styling Masayo Akutsu hair&make-up Yuri Arai model Polina

郁金香图案套头衫

把春天非常有代表性的郁金香图案，用配色编织的方法呈现在五分袖套头衫上。花朵色彩深浅有致，线条优美的茎叶一直延伸到后身片。叶尖栩栩如生，花朵上的亮片仿佛朝露在阳光下闪烁。亮片最后缝上。

设计/东海绘里香
编织方法/116页
使用线/芭贝

爱尔兰风情的雅致开衫

这款雅致的开衫上仿佛撒满了花朵。衣领周围设计了爱尔兰风情的花朵，袖口略微收缩，非常有少女感。棒针和钩针的组合运用，真是妙极了。

设计/川路祐三子
编织方法/118页
使用线/芭贝

25

可爱的配色花样背心

春日即使暖阳高挂也不能掉以轻心。在春寒料峭的三寒四温时节，就让春意盎然的配色花样陪我们一起度过吧！基底与花样的反差配色也非常适合初次尝试编织花朵图案的朋友。

设计 / YOSHIKO HYODO
制作 / 仓田静香
编织方法 / 128页
使用线 / Ski毛线

正方形花片的长款背心

这是正方形花片拼接而成的长款背心，随意套在日常衣服外就能增添一分春意，真是方便实用的单品。中心用混色线钩织的花朵部分加上周围用纯色线钩织的叶子，可以感受到丰富的色彩变化。

设计／岸睦子
编织方法／124页
使用线／Ski毛线

花团锦簇的帽子和
手提包

用喜欢的花尽情装点出绚丽的配饰小物，感觉
就像外出去冒险！怀揣着新的季节尝试新鲜事
物的喜悦，让我们一朵接着一朵地编织，最后
漂亮地组合在一起吧。

设计 / 冈本启子
制作 / 宫崎满子
编织方法 / 121页
使用线 / 奥林巴斯

立体花片手提包

这款手提包的连接花片主体与短针基底的切换十分新颖。在一个立体花片中加入段染线可以收获意想不到的配色效果，设计充满妙趣。可以收纳所需物品的实用尺寸更是讨人喜欢。

设计 / 冈 真理子
编织方法 / 130页
使用线 / 奥林巴斯

连接花片多功能盖巾

编织宽大的多功能盖巾最能享受钩针编织的妙趣。虽说完成之前对忍耐力是一大考验，好在可以一边钩织一边连接花片，也不必在意手劲儿的松紧度造成的细微差异，欣赏配色的同时，似乎编织多久都不会烦。

设计 / Hobbyra Hobbyre
编织方法/134页
使用线 / Hobbyra Hobbyre

清新的条纹花样盖毯

乍暖还寒的季节，盖毯总是让人爱不释手。柔和的浅色调最适合春天的氛围了。两种不同形状的花朵呈条纹状排列，还设计了不同的配色，显得更加丰富多彩。

设计 / Hobbyra Hobbyre
编织方法 / 132 页
使用线 / Hobbyra Hobbyre

乌兹别克斯坦位于中亚腹地，欧亚大陆的中心。那里有吉尔吉斯斯坦、哈萨克斯坦、塔吉克斯坦、土库曼斯坦等国家，地处中国以西、印度以北、俄罗斯以南。西濒里海，往西南方向走陆路可以穿越至波斯（伊朗的旧称）。北部则是横跨欧亚大陆的大草原。

"……斯坦"的意思是"……人的土地"。遍布沙漠的中亚地区散落着一些绿洲小城，是连接中国、希腊、罗马世界的丝绸之路上的交通要冲，自古以来闻名于世。上述几个国名就相当于现在的"……国"，边境或者建起了围墙，或者拉上了几千公里的铁丝网，直到最近才撤掉。尽管存在山川河流和峡谷等阻隔人类往来的地形，但是大地本没有界限。人们可以骑马往来于城市之间，渡过峡谷，翻越荒野，经过草原。商队在旅行途中会利用马和骆驼携带织物、香辣调味料、火药以及各地区的特产。人们聚集在这条漫长的贸易之路上，开始定居下来，各民族文化也逐渐相互融合。

身穿阿特拉斯绸两件套的少女。用相同布料缝制的上衣和裤子是经典款式

世界手工艺纪行 ❹（乌兹别克斯坦共和国）

乌兹别克斯坦的
扎染织物伊卡特

采访、图、文／菅野 阳 摄影／森谷则秋 协助编辑／春日一枝

中亚地区早期盛行琐罗亚斯德教（中国史称拜火教）和佛教，后来传入了伊斯兰教。而且，这片土地上兴起了好几个游牧民族国家，一番争斗后加入苏联成了社会主义国家。在欧亚大陆爆发的几大历史旋涡中总是少不了中亚的身影。拥有不同世界观和审美意识的民族和文明不断交替更迭。大陆文明的活跃使城镇的手工艺和物质文化得以融合发展，并且在当地形成了赖以根植的土壤。

被称为"可汗绸"的布料

在这片肥沃的土壤上绽放绚丽之花的就是"Ikat（音译'伊卡特'，下同）"，当地又叫作"Abrbandi（阿布尔班迪）"。伊卡特是一种扎染织物，原来在马来语中是"捆扎、打结"的意思，后来被引进英语固定了下来。这种染织工艺是将预先染好的线用作经纬线，然后纺织出纹样。可以细分为扎经（只需捆扎经线染色）、扎纬（只需捆扎纬线染色）、扎经纬（经线和纬线都要染色）等多种工艺。

据说伊卡特起源于中国新疆的和田地区。丝绸布料叫作"Atlas（阿特拉斯绸）"，色彩鲜艳的真丝缎纹伊卡特叫作"Khan-atlas（可汗阿特拉斯绸）"，即"可汗绸"。这个名称背后还流传着一个纺织工匠及其女儿和可汗的故事。

相传有一天，年老的可汗爱上了纺织工匠的女儿，希望迎娶美丽的女孩进入后宫为妻。女孩和她的父亲恳求可汗改变主意，但是可汗并不打算放弃。转而提出了一个要求，那就是"明天之前制作出比女孩更美的东西作为交换"。

纺织工匠悲叹不已，久久地坐在运河边上，雨水夹杂着眼泪。突然，雨停了。他看到运河的水面反射出天空的蓝色，还看到了摇曳不定的云朵和野花。云朵映射出彩虹的所有颜色。他又看到了树林柔和的绿色。他感谢神灵后，回到了作坊。经过彻夜劳作，第二天早上他在可汗面前展开了一匹布。像彩虹一样散发着吉丁虫般斑斓的色彩，像羽毛一样轻盈。可汗很是激动，赶忙询问："这是怎么织出来的？"

纺织工匠回答道："雨水洗刷后叶子的绿色、郁金香的花瓣、拂晓的红色和夜空的蓝色、水面闪烁的阳光、爱女眼神的光芒……我将它们全都织进了这匹布里。"

可汗被布料的精美所折服，遵守诺言取消了那个强人所难的婚约。从那以后，这样的布料就被称为"可汗绸"。

可汗绸作为乌兹别克斯坦的伊卡特中最具代表性的民族面料，现在也是备受青睐。在结婚仪式和派对等喜庆的日子里，可以看到很多女性身穿用可汗绸制作的连衣裙。七种颜色配色的布料是最顶级的，也最受欢迎。不过，也有黑白色调的布料，以及加入金银丝线织成的布料。依照传统，人们偏好使用红色或黄色的纬线。

"艾德莱斯绸（Adras）"是以丝线为经线、以棉线为纬线纺织的布料。宽度在40cm左右，与可汗绸相比，图案更大型，设计更大胆。艾德莱斯绸原来用于制作"袷袢（Chapan）""哈拉特（Harat）"等类似棉袍的长外套，如今也用来缝制欧式西服、手拿包，或者用作浅口女鞋和沙发等家具的外层布料。

除此之外，还有经丝纬棉的缎纹布料"巴诺拉斯（Banoras）"，以及经纬都使用丝线的轻盈布料"绍依（Shohi）"。

马尔吉兰（Margilan）集市上的女性们，正在售卖零头布料和手工艺品

A／集市上的布料摊位。整墙挂满布料的店铺有几十家，可零售　B／伊卡特在纺织前的扎线工序。按照设计一边整理捆扎部分一边进行操作　C／捆扎好的经线。用塑料薄膜扎紧，起到防染的作用　D／染色工序。对没有捆扎的部分进行染色。因为是作为样品少量生产，此处使用了水盆进行操作　E／依次染上3种颜色的经线。颜色交界处会有融合渗透的现象　F／清洗染色后的经线，一边确认图案一边整理。后面挂着的线是染色加工前的生丝　G／上机前的整理工作。转动整经架，一边确认图案一边梳理经线

33

伊卡特的制作工序

据说伊卡特的技法起源于印度，到4~6世纪才随着佛教和装饰美术一起传至中亚。现在，乌兹别克斯坦东部费尔干纳盆地的城镇里就有很多人从事伊卡特的织造工作。乌兹别克斯坦的伊卡特使用的是扎经染色工艺，为染经显花织物。大约以1.8m为一个单位确定图案的设计。

布料的大部分图案都是抽象的，有的是源自太阳、月亮等天体相关的事物，有的是源自琐罗亚斯德教或佛教的古老纹样、梳子、家畜的犄角、花草植物等日常生活周边的事物。这些事物变成了象征性和抽象化的图案。很多图案在古代就已经存在了，在传承的过程中随着时代的变迁才被人们悟出其中的含义。

布料的生产是一条产业链，从生丝的准备到织造后的销售，分别由不同的工匠分工完成。伊卡特最关键的染色工序是留出不想染色的部分，用塑料薄膜捆扎经线进行防染处理，有多少配色就需要重复多少次扎经染色的工序。然后按照设计将经线挂到织布机上，织入纬线，完成布料的织造。

伊卡特除了基础的平纹和缎纹质地，还有丝绒质地的"巴夫玛尔（Baghmal）"。与丝网印染的丝绒布料相比，图案更加

织造工序。工匠握着的绳索与打梭器是联动的，可以很有节奏地进行织造。挂在织布机上的经线就会呈现出类似晕染效果的纹样

清晰，质地更加柔软。因为运用精湛的技法使用大量丝线织造而成，所以布料价格比较昂贵。不过，制作成枕套等产品后，在日本也有很大的销量。

乌兹别克斯坦之旅

我第一次拜访乌兹别克斯坦是在2010年，也是为了寻访手工艺周游世界的其中一站。先是从神户坐船到上海，然后向西踏上了丝绸之路的旅程。"西域之旅"过去曾经是很多人的梦想。在上海，老人用蘸水的毛笔在石板地上书写诗歌。在西安，孩子们在放风筝、玩陀螺。我还和结交的好友一起吃了鸭脖，收到了李白的诗歌和乌龙茶。

接下来，我又换乘列车继续往西，路旁指示牌上的汉字逐渐变成了无法理解的文字或图案。一望无垠的沙漠连绵不断，好不容易到达了中国最西端的喀什，这里充满了异域风情。礼拜的声音在小城里回荡，迷宫一般的街道上飞舞着红色沙尘，还有用钩子吊起生肉的肉铺，带着圆帽子的蓄须老人

世界手工艺纪行 ❹
（乌兹别克斯坦共和国）

扎染织物
伊卡特

们在路边下着象棋等。

不难想象越过这座中国最西端的小城，再往西走，巨型山脉的那边又将是另一番世界。分隔中国与中亚的山脉是海拔3000~7500m的连绵高峰，那就是天山山脉。花了一星期时间才准备好的四驱汽车很轻松地就翻越了山岭，但是跨过森林边界后的国境线附近却是一片荒芜。放眼望去全是凹凸不平的灰色沙砾，但是远处的背景是蓝色的天空和覆盖着冰雪的山峰。随着海拔的下降，草原和湖泊开始出现在眼前。位于中亚入口处的吉尔吉斯斯坦从东侧看起来的确是高原之国。绿色的山丘一座连着一座，可以看见对面的羊群。马儿在蜿蜒流淌的小河边吃着草。牧羊的少年略显无聊地挥舞着鞭子，凶猛的鸟类展开翅膀在空中滑翔。越过这片高原地带就是乌兹别克斯坦了。

不同世界的颜色

中亚地区表示伊卡特技艺的词语是"Abrbandi"，abr是"云"的意思，bandi是"捆扎"的意思。乌兹别克斯坦的天空是清澄的蓝色。街道和民房的外墙都是成排的土坯和灰浆，路旁虽有树木但缺乏色彩。到了傍晚，却变成了火红的世界。我在乌兹别克斯坦住了下来，观察那里的季节变迁。

对我来说，雪是白色的。而对他们来说，雪应该还有其他色彩吧。这片土地堪称"人类文明的十字路口"，当地的各民族后裔即使是兄弟姐妹，相貌和眼睛的颜色也不尽相同。人们在日常生活中可以使用2~3种语言。

以前曾与伊卡特纺织工匠聊起过它的妙趣。对于工匠来说，最能展现技术的地方就是颜色的交汇处。不同的颜色相互融合渗透，就会变成意想不到的颜色。他说这种渐变的晕色效果正是伊卡特的美妙之处。

使用这种布料缝制衣服时，总是会想起很多的趣闻轶事，旅途中聊过的话题，他们的装束和街上的声音、味道，吃过的食物，等等。第一次去那里走的是陆路，一路往西长达3个月的旅程是怎么样的，在何处住宿，又看到了些什么，途经的城市如何，我看到的云彩又是什么颜色的……

KANNOTEXTILE品牌工作室从中亚乃至全世界采购布料，然后加工成服饰出售。虽然为了方便起见使用"异国风情的布料"作为原材料，但那里与我们的世界是紧密相连的。每次游走在不同的世界，我总是会观察彼时彼刻的别样色彩。

在工匠家里拜访时的场景。因为正是冬季闲暇时期，所以大致展示了他们手头持有的布料

H／用艾德莱斯绸制作的罩衫。设计仿照了中亚的棉袍"袷袢"　I／用艾德莱斯绸制作的长款罩衫以及同种布料制作的披肩。淡雅的色调是参考欧美时尚织出来的　J／丝绒布料"巴夫玛尔"。100％真丝，手感舒适，色泽优美　K／用可汗绸制作的领结衬衫。因为是细腻的缎纹质地，手缝部分比较多　L／这是用配色很有中亚特色的艾德莱斯绸制作的外套。款式仿照了满族的民族服装　M／缎纹布料"可汗绸"的古布。作为长条的坐垫套用于家庭装饰　N／经丝纬棉的缎纹布料"巴诺拉斯"，具有很强的光泽，纹样给人的印象也非常深刻　O／2012年横穿乌兹别克斯坦时在各地研究并收集了许多布料。图片拍摄于在卡拉卡尔帕克斯坦借宿的帐篷内　P／经丝纬棉织造的"艾德莱斯绸"。织造工坊对中亚内外博物馆中收藏的古老民族服装和古布进行了研究和复刻，也创作了很多新的设计

菅野 阳（Yo Kanno）

KANNOTEXTILE品牌负责人。生于埼玉县。曾就职于日本国内的服装企业，之后开启了寻访手工艺之旅。其间在乌兹别克斯坦和俄罗斯阿尔泰共和国居住过，以此为契机开始对俄罗斯及其周边国家的应用美术展开了相关调查研究和创作。目前以东京的工作室为据点坚持创作，并且定期在画廊和百货店举办展览。

乐享毛线 Enjoy Keito

本期将为大家介绍使用Keito热推毛线编织的春季单品。
编织一双袜子，带我们去美好的地方怎么样？

photograph Shigeki Nakashima styling Kuniko Okabe,Yuumi Sano hair&make-up Daisuke Yamada model MILANA

GUSTO WOOL
Nokta

美利奴羊毛80%、锦纶20% 颜色数／5 规格／每桃100g 线长／约400m 线的粗细／中细 使用针号／2.25~3.5mm（相当于0~5号棒针）
手染线特有的斑驳感使这款袜子线编织起来充满乐趣。也可以机洗。开发的初衷是打造一款任何年龄段的人都可以日常使用的理想线材。

尽享毛线趣味的简单袜子

这是从袜头开始编织的基础款袜子。一边感受毛线的质感和色调，一边朝袜跟和袜口继续编织吧。也非常适合初学袜子编织的朋友。

设计／Keito 制作／须藤晃代
编织方法／136页
使用线／GUSTO WOOL Nokta

Keito

我们是一家经营世界各地优质特色毛线的毛线店。从2023年2月开始主营网络商城。

AMANO CHASKI

超级耐洗美利奴羊毛60%、匹马棉30%、亚麻10%
颜色数／6 规格／每桄100g 线长／约350m 线的粗细／中细 使用针号／3~3.5mm（相当于3~5号棒针）
这款线来自秘鲁的毛线品牌AMANO。主要成分是羊毛，特点是拥有棉和亚麻的爽滑手感。仿佛可以从这款混纺线中感受到安第斯山脉的春天。

麻花花样和桂花针的袜子

这款袜子从袜口开始编织交叉花样（麻花花样）和桂花针。用优质线材编织的花样立体感十足，既暖脚又亮眼。

设计／Keito 制作／须藤晃代
编织方法／138页
使用线／AMANO CHASKI

女儿节

在季节交替之际，为了祈愿祛病消灾、驱邪避秽，日本有五大节日。
一月七日的"人日节"之后，就是三月三日的"上巳节"，即女儿节。
恰逢兔年，特意制作了小兔子人偶，祝愿女孩子们健康茁壮地成长。

photograph Toshikatsu Watanabe　styling Terumi Inoue

小兔子人偶

今年的主角身材苗条，比例匀称，就像模特一样，可爱极了。端庄高雅的服饰也格外有范。

设计 / 松本薰
编织方法 / 140页
使用线 / 达摩手编线

金平糖和干点心

色形兼备的可爱小点心一入口就让人幸福感
爆棚。它们五彩缤纷，作为点缀小物也是非
常不错的。

设计 / 松本薰
编织方法 / 140页
使用线 / 达摩手编线

小兔子人偶戴在耳朵之间的头冠实在是太可爱了。女
人偶（皇后）的头冠是串珠缝制的。衣袖上的纹样选
择了梅花。人偶手上分别拿着笏板和扇子。原以为只
是装饰品，没想到是在国家节庆活动中将仪式议程等
写在上面以免出错，起到了备忘录的作用。还真是有
趣的小知识。金平糖在中间加入了圆珠，颗粒状的部
分钩织了爆米花针。干点心选择了梅花和蝴蝶图案。
分别用了代表春夏秋冬的豌豆粉色、嫩绿色、奶酪色
和米白色这4种颜色编织。

Color Palette

方便实用的花片

形状相同的花片仿佛绽放的花朵，
拼接成各式各样的小物，真是春意盎然。
方便实用的正方形花片改变排列方法和配色，
可以演绎出各种变化！

photograph Shigeki Nakashima styling Kuniko Okabe, Yuumi Sano
hair&make-up Hitoshi Sakaguchi model Jennifer Mai

奶白色

这件短款坎肩非常符合今年的心境。基础
花片的前2行使用彩色线钩织，底色统一使
用1种颜色，这样即使再多的颜色都会给人
清爽的印象。将底色改成黑色或海军蓝色
等其他颜色，应该也很不错。

设计 / 奥住玲子
制作 / 冈 千代子（坎肩）、真野章代（灰色围巾）、
浅井枝里子（配色围巾、束口袋）
编织方法 / 142页
使用线 / 奥林巴斯

浅紫色+姜黄色
将基础花片按菱形排列并连接成环形，制作成了束口袋。上端增加了三角形花片调整形状。在对称配色的花片基础上加入了底色，整体配色显得更加协调。

灰色
用1种颜色编织，锯齿状拼接成一款围巾。虽然跟左侧作品是相同的花片，但是用1种颜色编织，作品给人一种静谧素雅的感觉。拼接花片时，比基础花片少钩1行，最后在周围钩织一圈。

水蓝色+红色
与浅紫色+姜黄色的配色不同，这组配色的花片更加立体清晰。相邻花片呈对称配色，其中一片用底色加以补充，整体更加和谐统一。

米色+蓝色
与灰色围巾的形状相同，不过这款围巾使用了漂亮的蓝色作为对比色。反复考虑配色的过程是极为幸福的时光。搭配同一系列的线（比如金银丝线和段染线等）编织也应该很有趣！

Yarn Catalogue

「春夏毛线推荐」

轻柔又容易编织的毛线陆续上市了。
请一定要试着编织一下！

photograph Toshikatsu Watanabe styling Terumi Inoue

 ### Ski Selene
Ski 毛线

将5种颜色的不规则长距离段染线与纯色的空心带子纱线合股，再用5色段染线双层包覆加工成绚丽多彩的平直毛线。化学纤维的弹性和韧性恰到好处，粗细适中，无论使用棒针还是钩针都很适合。

参数
涤纶46%、腈纶40%、人造丝14% 颜色数／7 规格／每团30g 线长／约98m 线的粗细／粗 适用针号／4~5号棒针，4/0~6/0号钩针

设计师的声音
这款线很容易编织，钩针和棒针都适用。灵活利用炫彩的颜色，搭配其他纯色线编织也不错。而且，感觉很有韧性。（岸 睦子）

 ### Ski Washable UV
Ski 毛线

这是一款棉与腈纶混纺的可机洗毛线经过抗紫外线处理加工而成的平直毛线。质地柔软，粗细适中，很容易编织。颜色非常丰富，无论单色编织还是配色编织都可以尽情挑选。特别适合编织防晒用品和儿童衣物。

参数
棉50%、腈纶50% 颜色数／18 规格／每团30g 线长／约81m 线的粗细／粗 适用针号／4~6号棒针，5/0~6/0号钩针

设计师的声音
颜色漂亮，富有光泽。这款线不会发生劈线现象，很容易编织。（YOSHIKO HYODO）

Dia Tango
钻石线

仿亚麻加工的棉线宛如一剂调味料,恰到好处的弹性和爽滑的触感使作品的穿着感非常舒适。由单色与段染的细线合捻而成,具有长距离的色彩渐变效果。其中,混合色调的金属线散发着细腻的光泽,使这款线材别具一格。

参数
棉45%、腈纶50%、铜氨纤维3%、涤纶2% 颜色数／8 规格／每团30g 线长／约123m 线的粗细／粗 适用针号／5~6号棒针,4/0~5/0号钩针

设计师的声音
弹性适中,也能精美呈现出钩针编织的花样。手感干爽,作品十分清凉。(岸 睦子)

Dia Costa Sorbet
钻石线

富有光泽感的短距离多色段染线混捻加工而成,与纯色线相比别有一番韵味。用这款线材可以编织出轻柔透气的作品。容易编织,方便整烫定型,是Costa系列线材的共同特性。

参数
人造丝67%、腈纶33% 颜色数／8 规格／每团30g 线长／约144m 线的粗细／中细 适用针号／3~4号棒针,3/0~4/0号钩针

设计师的声音
这款线非常容易编织,而且很衬肤色。我觉得适合各种年龄层的朋友编织。(河合真弓)

Rambouillet Wool Cotton
达摩手编线

兰布莱羊毛具有蓬松、细腻的质感，与散发自然雅致光泽的顶级匹马棉进行混纺，加工出的这款线材可以从早春编织到初秋。棉线的爽滑和羊毛的轻柔真是相得益彰。

参数

羊毛（兰布莱羊毛）60%、棉（顶级匹马棉）40%颜色数／9 规格／每团约50g 线长／约166m 线的粗细／粗 适用针号／3~5号棒针，4/0~5/0号钩针

设计师的声音

这是兰布莱羊毛与顶级匹马棉的混纺线，具有弹性和光泽。捻度也很合适，用钩针也很容易编织。（yohnKa）

Air Tulle
Joint

这是将网纱加工成管状的线材，又粗又蓬松，很容易编织，最大的特点是作品既结实又轻柔。可以制作包包和配饰等各种作品。

参数

锦纶100% 颜色数／24 规格／每团150g 线长／约100m 线的粗细／超级粗 适用针号／8~11mm钩针

设计师的声音

比看上去更容易编织，真让人吃惊。有弹性，针目很结实。因为比较顺滑，所以编织久了也不会手痛，织物也很漂亮。即使编织圈圈针，因其通透的质感，看起来一点也不厚重。（Little Lion 千叶绫香）

Cotton Kona
芭贝

为了使印度棉更容易编织加强了捻劲，又经过丝光处理增加了弹性和光泽。从毛衫到小物，从棒针到钩针，应用非常广泛，是一款粗细和材质都很适宜的粗线。

参数
棉100% 颜色数/25 规格/每团40g 线长/约110m 线的粗细/粗 适用针号/4~6号棒针，4/0~6/0号钩针

设计师的声音
无论什么花样都可以精美呈现，是一款非常容易编织的线材。拆掉重新编织也不会起毛，依旧散发雅致的光泽。漂亮的颜色丰富齐全，给人十足的安全感。（奥住玲子）

Silk Mohair Reina
手织屋

以真丝为芯线，与幼马海毛混纺而成的极细线手感非常舒适。编织时，建议使用多股线或者与其他线材合股编织。

参数
顶级幼马海毛60%、真丝40% 颜色数/15 规格/每团约20g 线长/约220m 线的粗细/极细

设计师的声音
长纤维的马海毛与真丝混纺的线材手感非常好。单股线可以编织出极为细腻的效果，与其他线材合成2股粗细更容易编织。（风工房）

会场装饰了203gow编织师
的装置作品

毛线专场展销会 **新Ito Market！**

撰文／《毛线球》编辑部

今年也迎来了众多的参观者，热闹非凡。现场所有人都是编织爱好者，大家共同打造了难能可贵的编织空间

1／贝恩德·凯斯特勒的参展让会场气氛更为热烈　2／不时可以看到首次亮相的毛线商。相关商家也引起了极大的关注　3／今后主打线上销售的Keito也参展了。毛线色彩的灵感来源于海蛞蝓　4／日本编织玩偶协会的"编织玩偶扭蛋"依旧非常火爆　5／热销图书amuhibi KNIT BOOK的线商amuhibi也从福冈前来"参战"。也是人气高涨的展位

会场还准备了纪念照片和SNS（社交网络）拍摄道具

2022年11月4日、5日的2天时间，我们面向广大编织爱好者和毛线爱好者举办了专场展销会"新Ito Market！"。会场布置充分利用了日本宝库社附设的手工艺展厅，迎来了大约1500名观众。

今年是第4届展销会。因为2021年是"再续Ito Market！"（见《毛线球41》），这次经过百思熟虑后，决定以"新Ito Market！"为名举办本届的展销会。我们一律采取网络预约和2小时错峰观展制度。要说与上一届有什么不同的地方，那就是预约人数每场增加了50名，并且有幸邀请到了新的参展商。

本次一共有27家店铺参展。除了《毛线球》展位和Keito，当时刚发新书的amuhibi也从福冈赶过来参展。另外还有来自九州的手纺作家毛线屋oon、中国香港的Chappy Yarn，以及贝恩德·凯斯特勒（Bernd Kestler）和野口光老师，带来了精彩展示。经营服装工业纱的丸安毛线（Rokumaru60）、ITORICOT、sawadaitto等厂商也纷纷亮相。当然也少不了内藤商事、芭贝和DMC，从进口线到手染线、各种服装用线，琳琅满目的产品让大家对毛线的各种期望仿佛在一瞬间都得到了满足。

会场装饰着编织的彩旗，重点展示区还布置了《毛线球》的老朋友203gow老师的作品，营造出热烈的编织氛围。放眼望去都是毛线和编织作品，参观者、参展商、主办方全部是编织爱好者……整个会场笼罩在既安静又热情的氛围中。一想到全会场的人几乎都是"朋友"，是不是有点兴奋呢？

特别是第一天的首场，因为各种商品应有尽有，最能深切感受到参观者的热情。也有很多朋友穿着自己亲手编织的作品，让人大饱眼福的同时，观众之间就编织话题也聊得热火朝天。另外，面向那些未能来到会场的朋友，我们在YouTube的"编织频道"开通了直播，实时报道现场的盛况。我们也录制了视频文件，大家可以观看回放进一步了解"新Ito Market！"。

平常身为编辑的同人们在这两天的时间里作为活动运营专员展现了良好的团队合作精神。在大家的共同努力下，本届展销会也得以圆满结束。特此表示感谢！我们也将尽快在员工之间召开活动总结大会，积极为下一届展销会推进各项准备工作。那么，下一届我们为"Ito Market！"取一个什么名字好呢？

※Ito是"线"的日文发音，"Ito Market！"是该活动的官方名称，为方便读者检索，故予保留。

白厂丝马海毛

十刻®白厂丝马海毛

白厂丝马海毛的柔软，像一团梦幻般轻盈的薄雾，温柔不经意流露，一纱一线之间交织出纯粹的温暖。

白厂丝马海毛采用的是天然桑蚕丝和南非幼马海毛。桑蚕丝质地光滑柔软，贴近内心的宁静！南非幼马海毛轻盈保暖，云朵般触及内心的柔软！

倾享自然的馈赠，自然于心，天然在身。

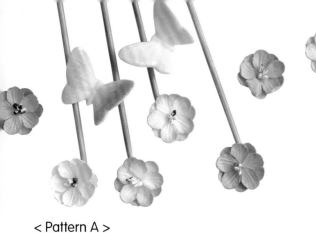

Let's Knit in English!
西村知子的英语编织—❿

待到春光明媚时……

photograph Toshikatsu Watanabe　styling Terumi Inoue

又到了想要穿上轻柔毛衫的季节。编织得薄一点，再加上镂空效果，更能体现出季节感。今天介绍的花样不仅洋溢着春日气息，而且非常实用。

A是设得兰蕾丝等作品中常用的蕾丝花样。虽然没有复杂的操作，但是可能需要花点时间才能记住花样。这款花样使用细一点的毛线编织，定型后就会浮现出精美的花样。

B是对结编稍加改动的镂空花样。这种结编花样不能在1行完成，需要重复减针再恢复到原来的针数。这款花样很容易记住，无须担心弄错针数，编织起来非常有规律。

C是让人一见钟情的可爱花样，总想用在某些地方。花样部分从反面开始编织，6行1个花样。既可以仿照编织样片在中间加入下针编织呈条纹状，也可以用在编织起点和终点的边缘点缀作品。发挥创意，可以演绎出各种不同的应用。

不妨将这些花样活用在春天的外出服饰中吧。

< Pattern A >

Work with a multiple of 6 sts + 5
Row 1 (WS): K3, *k2tog, yo, k1, yo, k2tog, k1; rep from * until 2 sts rem, k2.
Row 2 (RS): K2, k2tog, yo, k3, *yo, sk2po, yo, k3; rep from * until 4 sts rem, yo, k2tog, k2.
Row 3: K3, *yo, k2tog, k1, k2tog, yo, k1; rep from * until 2 sts rem, k2.
Row 4: K1, k2tog, yo, *k1, yo, sk2po, yo, k2; rep from * until 8 sts rem, k1, yo, sk2po, yo, k1, yo, k2tog, k1.
Rep Rows 1 to 4.

<花样A>

起针：6针的倍数+5针
第1行（反面）：3针下针，【左上2针并1针，挂针，1针下针，挂针，左上2针并1针，1针下针】，重复【~】至最后剩2针，2针下针。
第2行（正面）：2针下针，左上2针并1针，挂针，3针下针，【挂针，右上3针并1针，挂针，3针下针】，重复【~】至最后剩4针，挂针，左上2针并1针，2针下针。
第3行：3针下针，【挂针，左上2针并1针，1针下针，左上2针并1针，挂针，1针下针】，重复【~】至最后剩2针，2针下针。
第4行：1针下针，左上2针并1针，挂针，【1针下针，挂针，右上3针并1针，挂针，2针下针】，重复【~】至最后剩8针，1针下针，挂针，右上3针并1针，挂针，1针下针，挂针，左上2针并1针，1针下针。
重复第1~4行。

< Pattern B >

Work with a multiple of 6 sts + 2
Row 1 (RS): K1, *sl1 kwise, k2, psso the k2, k3; rep from * until 1 st rem, k1.
Row 2 (WS): K1, *p4, yo, p1; rep from * until 1 st rem, k1.
Row 3: K1, *k3, sl1 kwise, k2, psso the k2; rep from * until 1 st rem, k1.
Row 4: K1, *p1, yo, p4; rep from * until 1 st rem, k1.
Rep Rows 1 to 4.

<花样B>

起针：6针的倍数+2针
第1行（正面）：1针下针，【以下针的入针方式将1针移至右棒针上，2针下针，挑起刚才移至右棒针上的针目覆盖在已织的2针上，3针下针】，重复【~】至最后剩1针，1针下针。
第2行（反面）：1针下针，【4针上针，挂针，1针上针】，重复【~】至最后剩1针，1针下针。
第3行：1针下针，【3针下针，以下针的入针方式将1针移至右棒针上，2针下针，挑起刚才移至右棒针上的针目覆盖在已织的2针上】，重复【~】至最后剩1针，1针下针。
第4行：1针下针，【1针上针，挂针，4针上针】，重复【~】至最后剩1针，1针下针。
重复第1~4行。

编织用语缩写一览表

缩写	完整的编织用语	中文翻译
k	knit	下针
k2tog	knit 2 stitches together	一次性编织2针 =左上2针并1针
kwise	knitwise	以下针的方式（入针）
p	purl	上针
psso	pass slipped stitch over	用移至右棒针上的针目套收
rem	remain	剩下
rep	repeat	重复
RS	right side	正面
sk2p(o)	slip 1 st knitwise, knit 2 stitches together, pass slipped stitch over the knit stitch	以下针的入针方式将第1针移至右棒针上，在后面2针里一起编织下针，挑起刚才移至右棒针上的针目，将其覆盖在已织针目上=右上3针并1针
sl	slip	移过针目
st(s)	stitch(es)	针目
WS	wrong side	反面
yo(s)	yarn over(s)	挂针，（绕线编中）绕在针上的线圈
—	multiple	倍数

A

C

B

< Pattern C >

Work with a multiple of 6 sts + 1
Row 1 (WS): Knit.
Row 2 (RS): K1, *[k1 wrapping yarn 3 times around needle] 5 times, k1; rep from * to end.
Row 3: K1, *work Cluster st with the next 5 sts, k1; rep from * to end.
Rows 4,5,6: Knit.

Cluster st = With yarn in front, [sl next st dropping extra yos] 5 times, [bring yarn to back between needles, sl 5 sts back to LH needle, bring yarn to front, sl 5 sts to RH needle] twice.

<花样C>

起针：6针的倍数+1针
第1行（反面）：编织下针。
第2行（正面）：1针下针，【在针上绕3圈线编织1针下针×5次，1针下针】，重复【～】至最后。
第3行：1针下针，【在后面的5针里编织卷结编，1针下针】，重复【～】至最后。
第4、5、6行：编织下针。

卷结编：将线放在织物的前面，"解开下一针所绕线圈移至右棒针上"×5次，"将线绕到织物的后面，然后将右棒针上的5针移回左棒针上，再将线绕到织物的前面，将左棒针上的5针移至右棒针上"×2次。

西村知子（Tomoko Nishimura）：

幼年时开始接触编织和英语，学生时代便热衷于编织。工作后一直从事英语相关工作。目前，结合这两项技能，在举办英文图解编织讲习会的同时，从事口译、笔译和写作等工作。此外，拥有公益财团法人日本手艺普及协会的手编师范资格，担任宝库学园的"英语编织"课程的讲师。著作《西村知子的英文图解编织教程+英日汉编织术语》（日本宝库社出版，中文版由河南科学技术出版社引进出版）正在热销中，深受读者好评。

用Air Tulle线编织的包包

明明是可以快速编织的一款粗线，
成品却轻得让人吃惊。
网纱线特有的鲜亮颜色也是一大魅力。

photograph Shigeki Nakashima styling Kuniko Okabe,Yuumi Sano
hair&make-up Hitoshi Sakaguchi model Jennifer Mai

半圆形斜挎包

暖洋洋的天气，让人不由得想到附近散散
步。这款柠檬黄色的斜挎包可以放入随身
携带的必需品，一圈圈地钩织10行短针的
圈圈针后对折，再钩织侧边……瞬间即可
完成！拥有厚实的手感，却又轻得毫无压
力。

设计 / Little Lion（千叶绫香）

编织方法/146页

使用线/Joint

流苏花样托特包

往往偏重的大型托特包也放心交给网纱线吧！无论编织几行圈圈针的流苏，抑或几条锁针的提手，成品都轻得让人不敢相信。加上爽滑的触感，真是外出携带的绝佳伴侣。

设计 / Little Lion（千叶绫香）

编织方法 / 147 页

使用线 / Joint

蓬松的马海毛线和顺滑的真丝线编织

冬末春初，正是梅花飘香的季节，
最实用的莫过于马海毛和真丝材质的各种毛衫了。

photograph Hironori Handa styling Masayo Akutsu
hair&make-up Yuri Arai model Polina

横向编织的竖条纹薄衫

3种颜色的线编织出了清爽的渐变色调。横向编织时，
分别用2根线和1根线编织，呈现出缩褶的效果，打造
出蓬松又柔软的质感。花样完美地延续至衣袖，非常
引人注目。

设计／柴田 淳
编织方法／156 页
使用线／ROWAN

mohair yarn

mohair yarn

格子花样桃粉色毛衫

鲜艳的颜色让人心情愉悦！底色用1根线编织，配色用2根线编织，拉针形成的格子花样格外亮眼。日常的款式往往会选择素雅的颜色，可是一到春天，总是不由得被鲜亮的颜色所吸引。

设计 / 风工房
编织方法 / 148 页
使用线 / ROWAN

从下往上编织的七分袖套头衫

用米色和浅水蓝色的纤细马海毛线合股编织,可以感受微妙的色彩变化和全新的质感,这也是手编的独特魅力。这款从下往上编织的套头衫完美展现了马海毛蓬松柔软的特性。

设计 / 伊藤直孝
编织方法 / 149 页
使用线 / 手织屋

mohair yarn

mohair
& silk yarn

从上往下编织的圆育克套头衫

这是一款从领口往下编织的套头衫,排列规律的镂空花样简单又漂亮。不仅是弧形的育克部分,就连下摆和袖口的设计也非常精巧。整件作品用马海毛线和真丝线合股编织而成。

设计 / YOSHIKO HYODO
制作 / 山田加奈子
编织方法 / 153 页
使用线 / 手织屋

蕾丝花样轻薄套头衫

这款套头衫以原白色马海毛线衬托水蓝色和浅灰色的配色，呈现出梦幻般的朦胧感。下摆和钟形袖的蕾丝花样格外漂亮，在风中轻轻摆动，尽显柔美气息。

设计 / 风工房
编织方法 /157页
使用线 / 手织屋

mohair
& silk yarn

mohair
& silk yarn

甜美温柔的黄色套头衫

这是一款从上往下编织的套头衫，2针并1针的线条缓缓展开，优美流畅。袖口的褶裥设计也十分迷人。用马海毛线和真丝线合股编织，颜色的深浅变化为设计增添了一分柔和感。

设计 / 宇野千寻
编织方法 / 150页
使用线 / 手织屋

麻花花样的长款披肩

用爽滑的亚麻线编织的长款披肩轻盈地随风摇曳。基础麻花花样用1根线编织，轻薄通透。间隔的花样用2根线编织，增添了疏密松紧的变化。渡线方法非常巧妙，让人编织起来乐此不疲。

设计 / 奥住玲子
制作 / Yoshie Oumi
编织方法 / 158 页
使用线 / 芭贝

双面佩戴的怀旧风披肩

这是一款怀旧风格的披肩，酸橙绿色和灰粉色的配色十分可爱，两端可以系成蝴蝶结。主体部分运用拉针技法编织成类似双罗纹针的条纹花样，可以享受双面佩戴的乐趣。

设计 / 西村知子
编织方法 / 154页
使用线 / 达摩手编线

选自日文版《志田瞳优美花样毛衫编织2》

原作是半袖套头衫，是一款套装的内搭。

在春天的气息扑面而来时开启的Couture Arrange栏目转眼迎来了第5个春天。本期介绍的改编作品选自26年前发行的《志田瞳优美花样毛衫编织2》，原作是一款与开衫配套的半袖套头衫。

我非常喜欢这个斜纹蕾丝花样，已经改编了好几款作品。本期在花样、细节、款式上又一次尝试了改编。

作品将短款套头衫的下摆加宽、加长了。衣袖从基础的普通袖改成了宽幅直线编织的落肩袖。并在中心加入了一条褶裥，设计成了可以盖住肘部的6分袖。

线材上选择了棉线与细蚕丝合捻的混纺线，透着些许光泽。颜色上选择了淡雅的肉粉色，仿佛春天绽放的花朵。

看着经历了26年漫长岁月的作品，不禁遥想当年，心生怀旧之情。不过也让我再次感叹，花样还是原来的花样，真是经久不衰。

detail（细节说明）

斜纹蕾丝花样为扭针的罗纹线条增添了流动感。花样的中心加入了扭针罗纹的结编，放大了原来的花样。下摆更是增加了上针，一边编织一边分散减针。胸部的上半部分加入了小巧的球形花样，就像一颗颗花蕾。

衣袖等针直编，中间加入一条褶裥。折叠部分进行盖针操作，再将整个衣袖与身片做针与行的接合。衣领和袖口的边缘编织在扭针的单罗纹针之间加入了与身片相同的结编。下摆边编织起伏针，最后看着正面做上针的伏针收针。

选自日文版《志田瞳优美花样毛衫编织2》

制作 / Keiko Makino

编织方法/159页

使用线 / 钻石线

冈本启子的 Knit+1 第35回

春天，黑白色调也能穿出时尚感。
亮眼的白色加上极具现代感的黑色，起到了瞬间收紧的视觉效果。

photograph Shigeki Nakashima styling Kuniko Okabe,Yuumi Sano
hair&make-up Hitoshi Sakaguchi model Jennifer Mai

本期延续上次的话题，将为大家继续介绍配色的协调性。这次决定尝试黑白配色。这是一种简约又经典的成熟配色。这种配色在时尚界备受追捧，乍一看似乎很简单，其实颜色的配比不同，给人的印象就会截然不同，或许也是一种极为深奥的配色。如果黑色的比例多一点，整体就会显得干练优雅一些；如果白色的比例多一点，视觉上可能会产生膨胀感，此时加一点黑色作为点缀就会起到收紧的视觉效果。

连接花片的套头衫用黑色线编织花朵和花茎，与任何下装都很搭。正因为是两种极端颜色的配色，才打造出如此有趣又时尚的毛衫。带衣领的外套使用了最适合的拉针花样，以白色为主体，衣领和袖口的边缘使用了黑色。另外，纽扣也使用了黑色，给人更加精干的印象。

线材上选择了经过丝光加工的优质棉线与亚麻混纺的新产品"GALETTE"。兼具亚麻的张力与棉线的柔软，从毛衣到配饰，应用非常广泛。

冈本启子（Keiko Okamoto）
Atelier K's K 的主管。作为编织设计师及指导者，活跃于日本各地。在阪急梅田总店的10楼开设了店铺 K's K。担任公益财团法人日本手艺普及协会理事。著作《冈本启子钩针编织作品集》《冈本启子棒针编织作品集》（日本宝库社出版，中文简体版均由河南科学技术出版社引进出版）正在热销中，深受读者好评。

线名 / GALETTE

花朵花片套头衫

第62页作品 / 由短针圆心展开的花朵花片略显别致，令人印象深刻。连接方法也很讲究，增添了技巧性。

制作 / 森下亚美

编织方法 / 162页

使用线 / K's K

拉针花样小翻领外套

本页左侧作品 / 拉针形成的线条是这款外套的一大亮点，普通袖加上衣领，整体端庄大气。编织的纽扣在可爱之余，起到了收拢的视觉效果。

制作 / 宫本宽子

编织方法 / 166页

使用线 / K's K

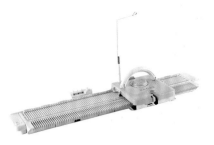

可以快速编织，
乐趣十足

面向初学者的
新编织机讲座❺

本期的主题是"换线"。
快来掌握配色编织的方法吧！

photograph Hironori Handa styling Masayo Akutsu hair&make-up Yuri Arai model Polina

条纹花样简约风套头衫

变换条纹宽度编织的套头衫无须每次都将线剪断，而是将配色线挂到机针上编织。因为是做下针编织，可以快速又简单地完成。

设计／奥村利惠子（银笛编织研究会）

编织方法／170页

使用线／和麻纳卡

横向编织的不对称设计毛衫

因为是横向编织，段染线的彩色条纹变成了竖条纹。加上拉针的运用，打造出断断续续的视觉效果。整体花样呈不对称设计。

设计／银笛编织研究会
编织方法／171页
使用线／钻石线

新编织机讲座

这次将为大家介绍配色换线的方法、身片与边缘的拼接方法。
掌握这两种方法后，无论宽条纹还是双层边缘都可以轻松编织！

摄影／森谷则秋

换线的方法

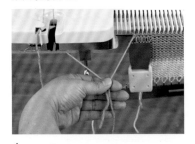

1
编织所需行数后，交换编织线。将刚才编织的线从送线口取下，再将接下来要编织的线穿入送线口。轻轻地拉住2根线，编织1行。

2
每次编织4~6行后，将边针推出至D位置，再将刚才暂停编织的线从外侧挂到机针上，接着编织1行。

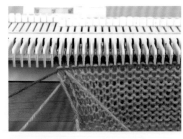

3
刚才暂停编织的线就被固定住了。注意线不要拉得太紧，保持织物的平整。

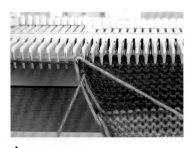

4
暂停编织的线有2种以上时，每种颜色错开1~2行挂线。

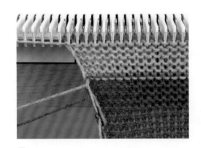

5
错开挂线后的状态。挂线位置会变厚，务必每次挂1根线。有加减针的情况，等加减针操作结束后再挂线。

配色拉针的编织方法

1
用1隔1的推针板将机针每隔1针推出至D位置。

2
将罗塞尔杆拨至集圈位置。

3
换线编织1行后的样子。拉针在机针上呈渡线状态，容易浮起。编织下一行时，建议轻轻往下拉紧织物的同时编织。

4
编织2行拉针后，将罗塞尔杆拨回至平针位置。

5
换线，做指定行数的下针编织。配色线参照换线的方法，每次编织4~6行后将线挂到边针上继续编织。

身片与下摆的机器缝合

1

推出与下摆针数相同的机针，看着身片的正面，将连接侧的1针内侧挂到机针上。此时，将换线时的渡线也一并挂到机针上。

2

先按两端→中心→再中心的顺序各挑取1针挂到机针上，然后进行整体均匀挑针。

3

看着下摆的反面，将正面一侧的针目挂到机针上。

4

将机针推出至D位置，将身片的针目移至针舌的后面，下摆的针目挂在针舌的内侧。

5

将机针全部推回至C位置，然后慢慢地将机针从C位置推回至B位置，进行盖针操作。

6

进行盖针操作时，注意身片的针目不要挂到针舌。一边轻轻地往下拉紧身片和下摆一边推动机针，可以更加顺利地完成盖针操作。

7

接着将反面一侧的针目挂到机针上。此时，将身片上的渡线压在机针的下方。

8

将渡线压在下方拉出机针后的状态。注意不要挂住线。

9

全部针目挂到机针上后，将机针推出至D位置编织1行。

10

编织1行后的状态。接下来编织几行另色线后从编织机上取下织片，最后做卷针收针。

11

这是反面。渡线隐藏在内部，缝合后平整美观。

12

这是正面。

SILVER REED

银笛SK280 梦想编织机

专业设计师之选

全程视频教学，一对一老师网络答疑

购买请访问编织人生品牌毛线店：http://51maoxian.taobao.com

东华大学、FIT纽约时装技术学院、伦敦中央圣马丁艺术与设计学院等国内外著名高校针织设计专业选用

70年的专注

1952年，第一台银笛编织机诞生；1977年，银笛发明的世界第一台电子编织机被大英博物馆永久收藏……银笛专注编织机的研发生产已经走过70个年头。如今，银笛编织机已经成为美国、英国、法国、日本、俄罗斯、加拿大、泰国等国家编织设计师的首选。

天猫： 编织人生旗舰店　　**微信公众号：** 编织人生

淘宝： 编织人生品牌毛线店　　**小红书：** 编织人生

联系电话：0512 - 58978781

手机淘宝扫二维码
关注编织人生品牌毛线店
编织机及编织线材直播分享

编织师的极致编织

转动标有英文字母和数字的圆盘
咔嚓1个字符
再转动一下
咔嚓又1个字符

品名标签就完成了！

颜色、厂商、材质……
将毛线分门别类放在箱子里
一层又一层地排列好

咔嚓、咔嚓
轮到品名标签出场啦
咔嚓、咔嚓
内容再详细一点

咔嚓、咔嚓、咔嚓、咔嚓

纯英文标签的毛线盒就完成了！

编织师203gow：
持续编织非同寻常的"奇怪的编织物"。成立让编织充满街头的游击编织集团"编织奇袭团"，还涉足百货店的橱窗、时尚杂志背景、美术馆、画廊展示等的设计以及讲习会等活动。

文、图 / 203gow 作品

编织方法图的看法

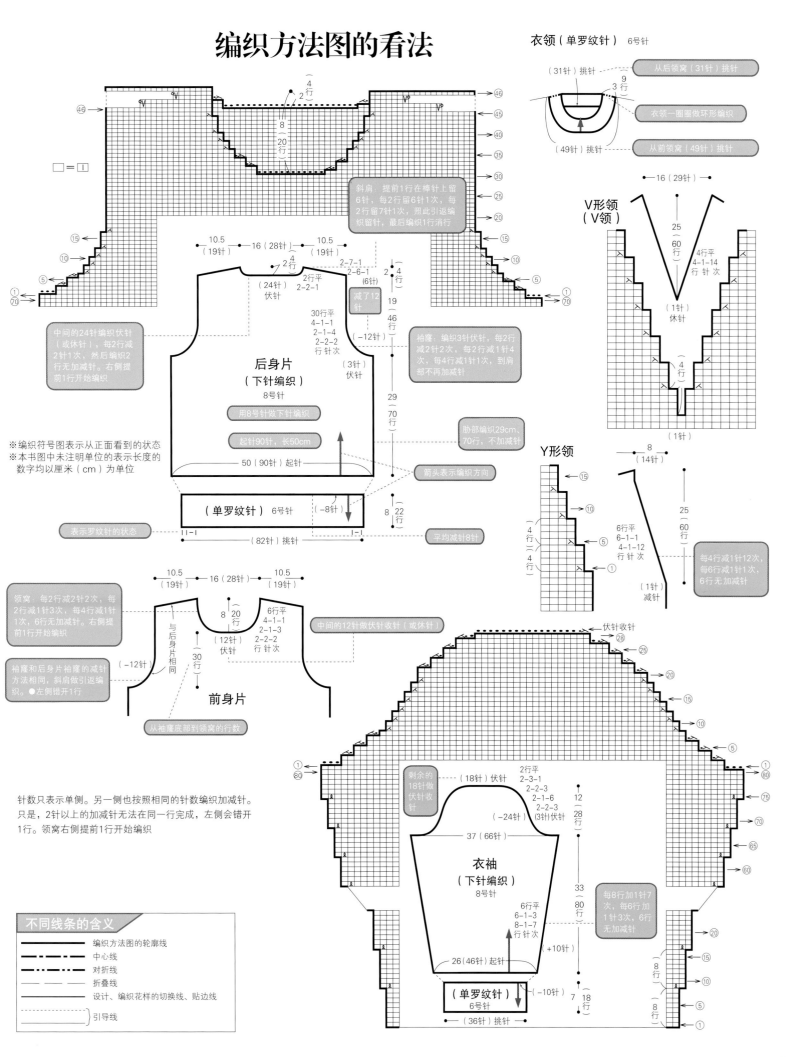

衣领（单罗纹针） 6号针

（31针）挑针 ······ 从后领窝（31针）挑针
3
9 行
衣领一圈圈做环形编织
（49针）挑针 ······ 从前领窝（49针）挑针

斜肩：提前1行在棒针上留6针，每2行留6针1次，每2行留7针1次，照此引返编织留针，最后编织1行消行

□ = □

中间的24针编织伏针（或休针），每2行减2针1次，然后编织2行无加减针。右侧提前1行开始编织

※编织符号图表示从正面看到的状态
※本书图中未注明单位的表示长度的数字均以厘米（cm）为单位

表示罗纹针的状态

10.5（19针） 16（28针） 10.5（19针）

2-7-1
2-6-1 (6针)
2行平
2-2-1
（24针）伏针

减了12针

30行平
4-1-1
2-1-4
2-2-2 行针次

（3针）伏针

后身片（下针编织）8号针

用8号针做下针编织

起针90针，长50cm

50（90针）起针

（单罗纹针）6号针 （-8针）

（82针）挑针

V形领（V领）

16（29针）

25（60行）

4行平
4-1-14 行针次

（1针）休针

4行

（1针）

袖窿：编织3针伏针，每2行减2针2次，每2行减1针4次，每4行减1针1次，到肩部不再加减针

胁部编织29cm、70行，不加减针

箭头表示编织方向

平均减针8针

Y形领

8（14针）

6行平
6-1-1
4-1-12 行针次

（1针）减针

25（60行）

每4行减1针12次，每6行减1针1次，6行无加减针

领窝：每2行减2针2次，每2行减1针3次，每4行减1针1次，6行无加减针。右侧提前1行开始编织

袖窿和后身片袖窿的减针方法相同，斜肩做引返编织。●左侧错开1行

10.5（19针） 16（28针） 10.5（19针）

8（20行）

6行平
4-1-1
2-1-3
2-2-2 行针次

中间的12针做伏针收针（或休针）

与后身片相同

（30行）

（12针）伏针

（-12针）

前身片

从袖窿底部到领窝的行数

针数只表示单侧。另一侧也按照相同的针数编织加减针。只是，2针以上的加减针无法在同一行完成，左侧会错开1行。领窝右侧提前1行开始编织

伏针收针

28
25
20
15
10
5

剩余的18针做伏针收针

（18针）伏针

2行平
2-3-3
2-2-3
2-1-6
2-2-3 行针次
（-24针）（3针）伏针

37（66针）

12（28行）

衣袖（下针编织）8号针

6行平
6-1-3
8-1-7 行针次

33（80行）

每8行加1针7次，每6行加1针3次，6行无加减针

26（46针）起针 （+10针）

（单罗纹针）6号针 （-10针）

7（18行）

（36针）挑针

8（行）

不同线条的含义

—— 编织方法图的轮廓线
—·—·— 中心线
—··—··— 对折线
— — — 折叠线
—— 设计、编织花样的切换线、贴边线
〕 引导线

71

毛线世界

时尚达人的手艺时光之旅：
一片式编织

《编织与手艺时尚手册》中刊登了展开状态的手套织片插图

鹿岛美加子再现制作

田中惠美再现制作

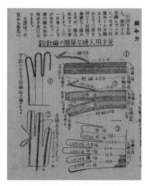

《毛线编物大全集》中介绍了女士手套的钩针编织方法

《婴幼儿四季服饰》中用一片式编织方法制作的婴幼儿外出时穿着的短上衣

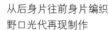

从后身片往前身片编织
野口光代再现制作

彩色蕾丝资料室　北川景
日本近代西洋技艺史研究专家。为日本近代手工艺人的技术和热情所吸引，积极进行着相关研究。拥有公益财团法人日本手艺普及协会的蕾丝师范资格，是一般社团法人彩色蕾丝资料室的负责人。担任汤泽屋艺术学院蒲田校区、浦和校区的蕾丝编织讲师。还在神奈川县汤河原经营着一家彩色蕾丝资料室。

"一片式啊——"随着一声惊叹，大家的视线齐刷刷地聚了过去。这是发生在宝库学园东京校区举办的"时尚达人的手艺时光之旅"讲座中的场景。当时正巧在翻阅第二次世界大战结束不久发行的妇女杂志附刊。引起众人关注的附刊是1948—1949年主妇与生活社的特辑、高木登美子（Tomiko Takagi）编著的《适合我们的美式流行　编织与手艺时尚手册》（简称《编织与手艺时尚手册》），以及妇人俱乐部编著的《紧跟欧美潮流的1950年版毛线编物大全集》（简称《毛线编物大全集》），其中就有手套和袜子等一片式编织作品的插图。于是，讲座中再现了这种编织方法，没想到事后大家带回来的作品都不是成品，全都是展开状态的织片。由此可见，学员们对这种一片式编织的方法产生了浓厚的兴趣。

第二次世界大战后的复兴时期，平面编织后再缝合成立体结构的一片式设计在欧美很常见。方便在业余时间编织、一气呵成的这种设计在当时应该备受欢迎吧。加上手动编织机的普及，编织起来想必更加简单。

那么，日本的明治时期（1868—1912年）和大正时期（1912—1926年）又是什么情况呢？在明治时期出版的《毛线编物自学指南》一书中，就有学习欧美采用一片式编织的横宽型外套和背心的插图。不过，当时的日本还是传统的和式服装，人们更热衷于编织人造花、围兜、披肩等生活小物，编织外套的人寥寥无几，所以一片式编织的人气也始终差点火候。到了大正时期，越来越多的人开始穿西式服装，一片式编织才逐渐流传开来。那是日本特色的一片式编织方法，从后身片往前身片编织成纵长的织片，就像和服的裁剪结构一样。因为是从后往前编织，导致前、后身片的花样方向相反。不过，参考日本和服衣料的图案配置，对时尚达人来说自然不是什么难题。

昭和三十年代（1955—1964年），人们开始像西式服装一样分成前、后身片编织，一片式编织逐渐淡出了人们的视野。只有婴幼儿的毛衣还保留了这种编织技法。因为编织方法简单易懂，贴合小朋友的圆肩，缝合又少，在繁忙的育儿间隙就可以完成编织，这或许也是时尚达人表达爱意和自我疗愈的一种方式吧。

毛线世界

编织符号真厉害

第23回 "3针锁针的狗牙拉针"专讲【钩针编织】

了不起的符号 ① 钩在短针和长针上的狗牙拉针

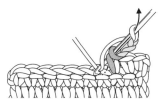

1 短针后面接着钩3针锁针，在短针头部的前面半针以及根部的1根线里插入钩针。

2 挂线，如箭头所示拉出。

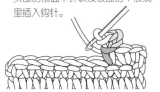

3 接着钩织短针。

4 这样，3针锁针的狗牙拉针就完成了。

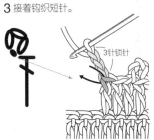

了不起的符号 ② 钩在锁针上的狗牙拉针

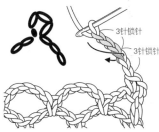
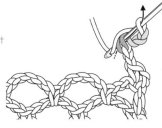

1 在3针锁针后面接着钩3针锁针，在倒数第4针锁针的半针和里山插入钩针。

2 挂线引拔。

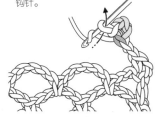

引拔的入针位置非常关键！

3 这样，就在锁针中间完成了3针锁针的狗牙拉针。接着按符号图继续钩织。

你是否正在编织？我是对编织符号非常着迷的小编。日语中好像有"春钩"这样的季节用语（？），转眼又到了钩针编织的季节。棒针编织当然很不错，钩针编织也毫不逊色，大家赶紧动起手来编织吧！

本期带来的话题是狗牙针，而且是"3针锁针的狗牙拉针"专讲。钩针编织界存在很多种狗牙针，这次就专门讲讲其中最常用的狗牙拉针。狗牙针（picot）原来的意思是"装饰在织物边缘的花边小圈"（法语发音为[piko]，可爱吧）。其实就是利用钩针编织的锁针形成小圆圈，用于边缘的装饰。

狗牙针本身就是很精致的设计。不仅是钩针编织，也可以用在棒针编织的袖口和领窝，没有编织过狗牙针或许是一大损失呢。因为狗牙针真的很可爱。而"3针锁针的狗牙拉针"也可以说是狗牙针界的大联盟成员，大致可以细分为3种："钩在短针上""钩在长针上""钩在锁针上"。学会这3种方法，其他的就可以触类旁通了，大家可以先记起来。

钩织时的要点在于引拔的入针位置都有明确的规定。具体来说，是在"针目头部的前面半针以及根部的1根线"里挑针。在这个位置挑针才可以钩织出漂亮的狗牙针。钩在锁针上时，在"倒数第4针锁针的半针和里山"插入钩针。如果挑针位置不对，锁针（网格）就容易变形。话说回来，很多人都会钩织狗牙针，但正是这种细节要点的积累拉开了作品之间的差距。

这3种方法的共同点就是尽量钩织出自然的形状。不影响基础针目的前提下，突显自己的精致。我经常听到有人说"不知道应该在哪里入针"，不妨借此机会好好确认一番。

狗牙针只用到了钩针编织中最早学习的锁针和引拔针，虽然简单，却是让设计引人注目的重要元素。希望大家重视起来，钩织得仔细一点。

小编的碎碎念

狗牙针也经常出现在编织图中。如果对狗牙针的画法不满意，有的编辑就会大面积修改。因为狗牙针大量存在于编织图中，光是修改狗牙针就要费好大一番功夫。狗牙针真的太重要了！

> 看看这些垂下来的线头，很有纵向渡线配色编织的感觉吧！

令人烦恼的纵向渡线配色编织

纵向渡线的配色花样可以表现任意形状的图案。
可是一想到动手编织，就感觉很麻烦……
本期就来介绍让纵向渡线配色编织更加轻松的小工具和小技巧。

摄影/森谷则秋

其一

纵向渡线编织配色花样的方法

首先，让我们复习一下纵向渡线配色编织的基础技法。
换色时，切勿忘记交叉编织线。

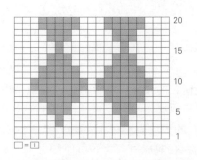

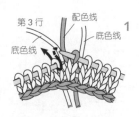

在菱形图案的各个顶端分别加线开始编织。

换成配色线时，从底色线的下方渡线交叉后编织。

换成底色线时也一样，从配色线的下方渡线交叉后编织。

看着正面编织的行也是将编织线从下方渡线交叉后编织。

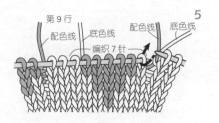

由于这个花样是每2行变化1次的菱形图案，所以是在下针行变换花样。

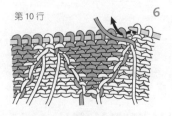

上针行按前一行的颜色编织。换色时交叉两种颜色的线。

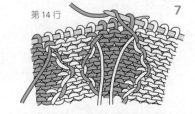

这是正在编织第14行时反面的状态。

其二

编织线相互缠绕时该怎么办？

缠线的问题可以说是纵向渡线中很常见的。
只要固定翻转织物的方法，这个问题就会迎刃而解！

首先，将线团放入盒子或者用别的方法固定位置，以免线团滚动。换线时，不要移动线团，直接交叉线编织1行。编织下一行时需要翻转织物，此时也保持线团的位置不变，一边换线一边编织下一行。编织再下面一行时，翻转织物回到原来的方向，这样缠在一起的线也恢复到原来的位置，呈现图片所示状态。无须拆分线团的情况下，像这样编织就可以有效防止缠线问题。

纵向渡线配色编织时，必须一边交叉渡线一边编织。如果不管不顾一直交叉……编织线就会越缠越严重。

> 说到纵向渡线，缠线是最让人烦躁的了！！

编织前的准备工作
至关重要!

各种绕线方法

在若干处同时编织相同颜色时，无须购买好几团毛线，将1团线分成几个小线团即可。
而且，分成小线团后可以直接垂挂在织物下方编织，不必太担心缠线的问题，值得推荐。
也可以用手将线绕成小蝴蝶结的形状，或者借助工具绕线，
方法有很多种，不妨按具体情况和个人喜好试试看。

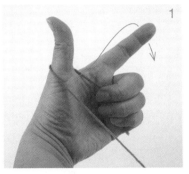

1

制作用量比较少的配色线束。用手指握住线头，将线绕在拇指上，然后如箭头所示将线绕在食指上。

2

接着如箭头所示将线绕在拇指上。

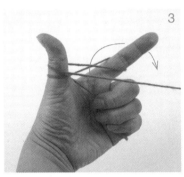

3

交替在食指和拇指上呈8字形绕线。

4

绕到一定程度后，将线剪断。

5

从手指上取下线束，注意保持8字形的状态。

6

将刚才剪断的线头绕在线束的中间，然后在绕线处穿入线头固定。

最初的线头

7

用量比较少的配色线束就完成了。拉出最初的线头，就可以在不破坏线束的状态下使用了。

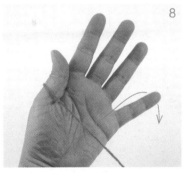

8

接下来制作用量比较多的配色线束。用拇指夹住线头，如箭头所示将线绕在小指上。

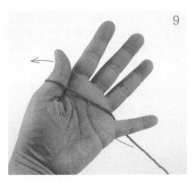

9

接着如箭头所示将线绕在拇指上。

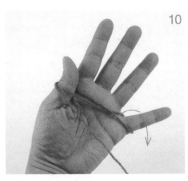

10

交替在小指和拇指上呈8字形绕线。

11

绕到一定程度后，将线剪断。按步骤6、7的要领固定线束。

12

根据配色线的使用量，可以制作成合适的小线束使用。

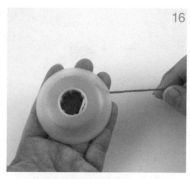

这是缠绕配色线用的绕线梭，小工具使用起来非常方便。也适合缠绕顺滑的夏季线材。
〔绕线梭／可乐牌〕

打开绕线梭。

绕线。

关闭绕线梭即可。线梭材质柔软，轻轻地固定线材，松紧恰到好处，可以避免滑出太长的线。

其四

最初的针目不稳定，影响美观

开始纵向渡线的地方，线头松弛，容易散开……
夏季线材更加明显！线头处理的要点也一并掌握起来吧。

加线的地方容易出现小洞，影响美观，不过后面会做线头处理，所以不用担心。

如果不放心，可以在加线的前一针夹住新线编织，这样针脚就不会太明显了。

夏季线等容易散开，如果担心可以松松地打个结，以免线头散开。或者用夹子固定，就可以放心了。

编织起点的线头处理也要注意。如果与线的走势反方向藏线头……

如图所示会出现小洞。

线头处理时，务必沿着针目的走向入针，使针目呈连续状态。

这样处理后，织物纹理就会呈现自然的状态。

线头要在配色线的交界处进行处理。一边劈开线一边在针脚里穿针藏好线头。

如果线比较顺滑，可以往回一点处理线头，这样就不容易脱落了。

虽然是不起眼的小问题，这样处理是不是好多了呢……

错综复杂的花样也必须分成小线团编织吗?

纵向渡线的配色花样也有配色细腻又复杂的情况。
此时,应该严格进行纵向渡线配色编织呢? 还是与横向渡线相结合呢? 真是令人苦恼啊。

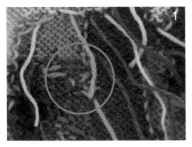

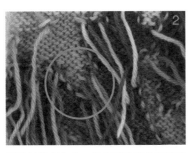

要点

虽然正面看上去没有太大差别,但是织物的厚度上略有不同。根据图案来选择,要兼顾颜色数量和周围的配色,扬长避短才是选择的上上策。线头处理可能比较多时,就选择横向渡线;希望编织时不必担心渡线太紧导致织物变形,也可以选择全部使用纵向渡线编织。

推荐!

夹在同色之间的部分,无须替换两端的线,采用横向渡线编织。这样,织物的一部分就会出现横向渡线。因为线头变少了,线头处理也相应变少。可是另一方面,因为存在横向渡线,必须注意防止织物拉扯变形。

无论针数多少,纵向渡线配色编织都会出现这种状态。因为没有横向的渡线,不必担心织物拉扯变形,但是会出现很多线头,增加了线头处理的工作。如果线头太多,线头处理的部分就会变得很厚。

只有1针的配色也必须做配色编织吗?

表现儿童绘制的图案、文字、细线条,或者点缀性的小图案等,如果按配色花样编织,纵向渡线很难操作。
此时,可以与纵向渡线配色编织的效果相媲美的,就是"下针刺绣"。

从反面将缝针插入1针的中心,拉出。

在上一行呈倒八字形的2根线里挑针,将线拉出。

在步骤1的出针位置入针。

绣出的针迹与下针相同。刺绣的要点是将线拉至针目大小。

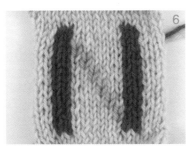

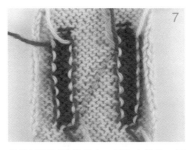

连续刺绣时,从下一个针目的下面一行出针。

竖线条是纵向渡线配色编织,斜线条是下针刺绣。织物非常平整。

这是反面呈现的状态。因为有线头,需要线头处理的地方增多了。

要点

下针刺绣的关键是拉线时的松紧度。拉得太紧或太松都会露出底色线的针目,从而削弱配色编织的感觉。与线材的特性也有关系,请大家多多尝试。

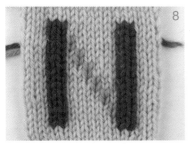

配色部分尝试全部做下针刺绣。刺绣部分因为与织物呈重叠状态,可以看出稍微厚一点。

因为底色线只做下针编织,所以反面显得清爽整洁。

作品的编织方法

材料
芭贝 Puppy Linen 100 黄色（905）200g/5团

工具
钩针 4/0 号

成品尺寸
衣长 50cm，连肩袖长 24.5cm

编织密度
编织花样 1 个花样 3.3cm，8.5 行 10cm

编织要点
●身片…后身片在肩部钩织锁针起针，然后钩织花样。左右分别钩织 4 行，从左肩第 4 行开始钩织领窝的锁针。第 5 行开始左右连在一起继续钩织。前身片从后身片的起针挑针，按照相同方法钩织花样。下摆做边缘编织 A。
●组合…胁部做边缘编织 B。衣领的边缘编织 B 做环形的往返编织。钩织带子，用卷针缝的方法固定在指定位置。

8 页的作品 ★★

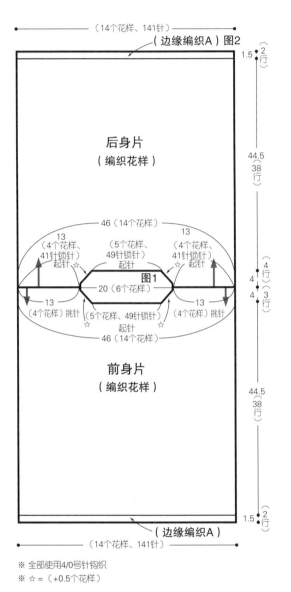

（14 个花样、141 针）
（边缘编织 A）图2
2 行
1.5

后身片
（编织花样）

44.5
38
行

46（14 个花样）
13（4 个花样、41 针锁针）起针
（5 个花样、49 针锁针）起针
13（4 个花样、41 针锁针）起针
图1
20（6 个花样）
4 行
13（4 个花样）挑针
（5 个花样、49 针锁针）起针
13（4 个花样）挑针
4 行
3 行
46（14 个花样）

前身片
（编织花样）

44.5
38
行

2 行
1.5
（边缘编织 A）
（14 个花样、141 针）

※ 全部使用 4/0 号针钩织
※ ☆ =（+0.5 个花样）

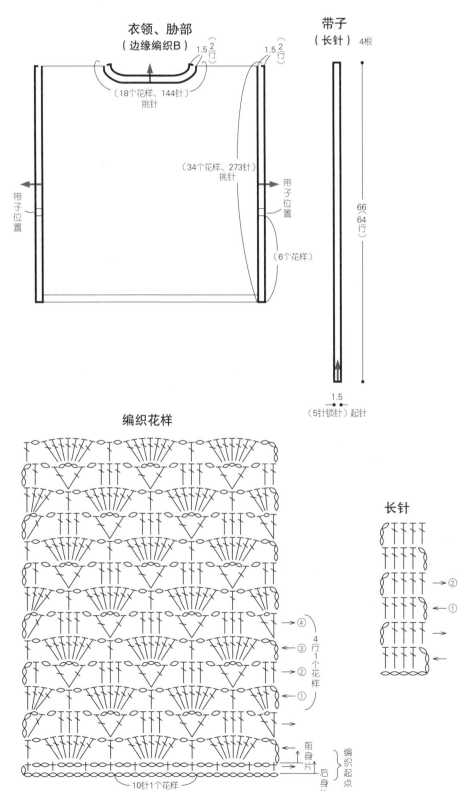

衣领、胁部
（边缘编织 B）
2 行
1.5
2 行
1.5
（18 个花样、144 针）挑针
（34 个花样、273 针）挑针
带子位置
带子位置
（6 个花样）

带子
（长针）4 根

66
64
行

1.5
（5 针锁针）起针

编织花样

4 行 1 个花样
④
③
②
①
前身片
后身片
编织起点
10 针 1 个花样

长针
②
①

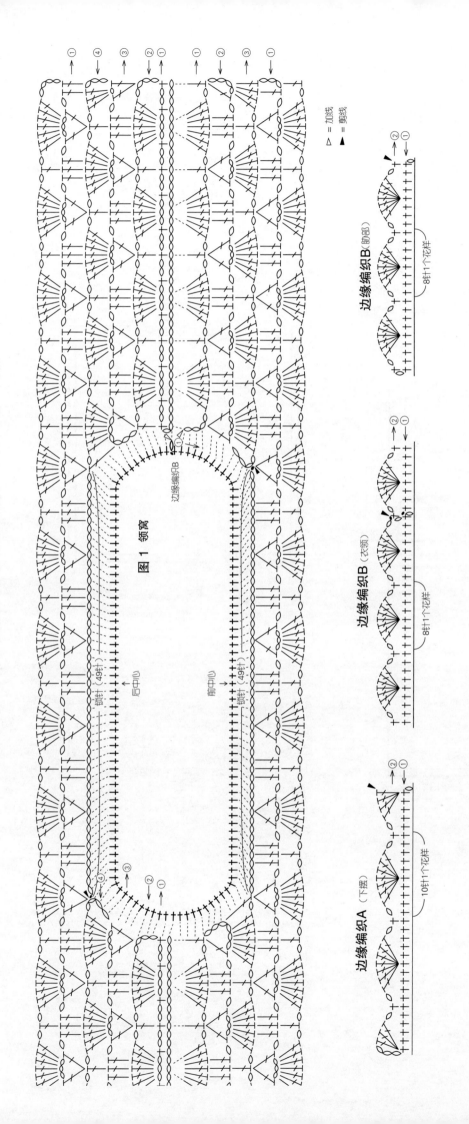

图 1 领窝

△ = 加线
▲ = 剪线

边缘编织B（肩部）
8针1个花样

边缘编织B（衣领）
8针1个花样

边缘编织A（下摆）
10针1个花样

前中心
锁针（49针）

后中心
锁针（49针）

边缘编织B

边缘编织B
② ①

▷ = 加线
► = 剪线

图2
下摆

边缘编织A

← ②
← ①
← ㊳

→ ㉟

→ ㉚

→ ㉕

带子位置

→ ⑳

带子位置

→ ①
← ④
→ ③
→ ②
→ ①
→ ①
→ ②
→ ③
← ①

边缘编织B
① ②

81

材料
芭贝 Cotton Kona 水蓝色 (63) 300g/8 团
工具
钩针 5/0 号
成品尺寸
胸围 124cm，衣长 50cm，连肩袖长 40cm
编织密度
10cm×10cm 面积内：编织花样 26 针，8.5 行

编织要点
●身片、衣袖…后身片锁针起针，从衣领开始做编织花样。前身片参照第 83 页的方法，从后身片的肩部挑针钩织，从第 4 行开始左右连在一起继续钩织。衣袖参照图示从身片挑针，做编织花样。
●组合…胁部、袖下钩织引拔针和锁针接合。下摆、衣领和袖口挑取指定数量的针目，环形做边缘编织。

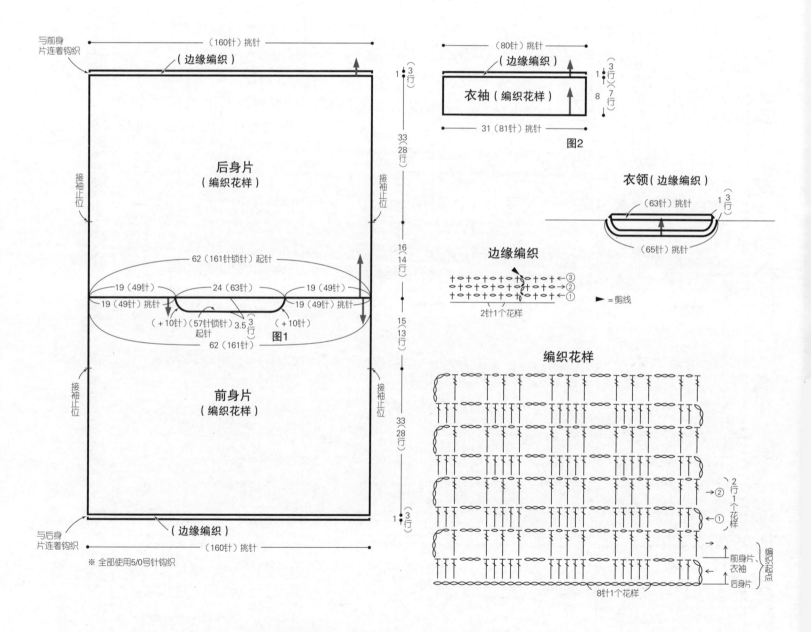

与前身片连着钩织

（160针）挑针

（边缘编织）

后身片
（编织花样）

接袖止位

62（161针锁针）起针

19（49针）　　24（63针）　　19（49针）

19（49针）挑针　　　　　　19（49针）挑针

（+10针）（57针锁针）3.5 ⟨3行⟩ （+10针）
起针

62（161针）

图1

前身片
（编织花样）

接袖止位

（边缘编织）

与后身片连着钩织

（160针）挑针

※ 全部使用5/0号针钩织

1 ⟨3行⟩

33（28行）

16（14行）

15（13行）

33（28行）

1 ⟨3行⟩

（80针）挑针

（边缘编织）

衣袖（编织花样）

31（81针）挑针

图2

1 ⟨3行⟩
8 ⟨7行⟩

衣领（边缘编织）

（63针）挑针　1 ⟨3行⟩

（65针）挑针

边缘编织

2针1个花样

▶ =剪线

编织花样

2行1个花样
②
①

→
前身片、衣袖
←
后身片

编织起点

8针1个花样

图1　前领窝

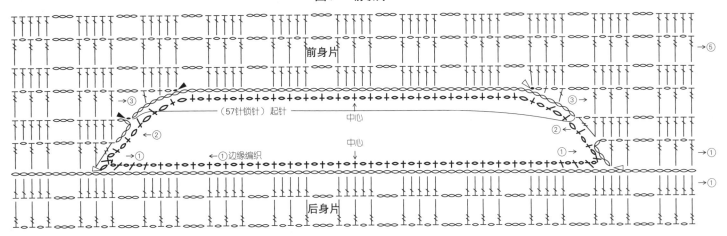

前身片

→⑤

→③　（57针锁针）起针　中心　③→

←②　中心　②←

←①边缘编织　①　①→

→①

后身片

前身片开始钩织的方法
1.左肩钩织2行后休线。
2.右肩钩织2行，前领窝钩织锁针起针，剪线。
3.使用休线钩织左肩第3行，剪线。
4.加线钩织右肩第3行。

▷ =加线
► =剪线

图2　衣袖

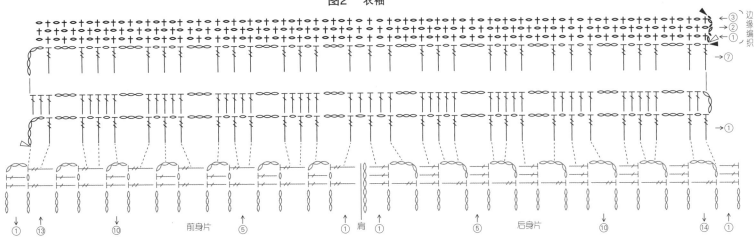

边缘编织

③→
②→
①→

→⑦

→①

　　前身片　⑤　　①　肩　①　⑤　后身片　　

① ⑬ ⑩ ① ⑤ ① ① ⑤ ⑩ ⑭ ①

右上滑针1针交叉

1 如箭头所示从右边针目后面绕过，在下一针中插入右棒针。

2 编织下针。

3 针目保持不动，如箭头所示将右棒针插入右边针目。

4 抽出左棒针，右上滑针1针交叉完成。

左上滑针1针交叉

1 如箭头所示从右边针目前面绕过，在下一针中插入右棒针。

2 将针目拉向右边，如箭头所示将右棒针插入右边针目。

3 编织下针。

4 抽出左棒针，左上滑针1针交叉完成。

材料
奥林巴斯 Emmy Grande 米色（732）
330g/7团

工具
钩针 2/0 号

成品尺寸
胸围102cm，衣长48.5cm，连肩袖长52cm

编织密度
10cm×10cm面积内：编织花样A 35针，15行
编织花样B 1个花样4cm，15行10cm

花片边长9.5cm

编织要点
●身片…锁针起针，做编织花样A、B。参照图示加减针。肩部钩织引拔针和锁针接合，胁部钩织引拔针和锁针接合。衣袖拼接线做边缘编织A，衣领和下摆环形做边缘编织B，注意下摆的针法有变化。
●衣袖…用连接花片的方法钩织，最终行参照图示一边连接相邻花片和衣袖拼接线，一边钩织。袖口环形做边缘编织B'。

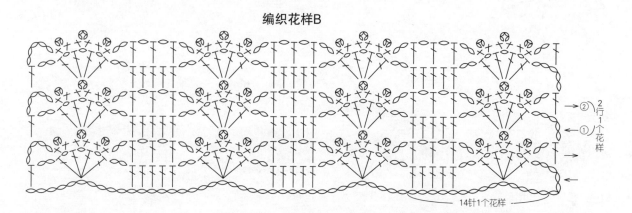

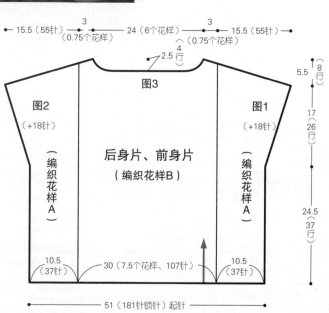

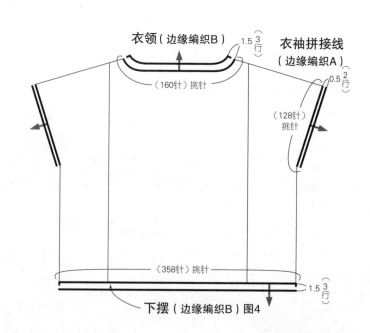

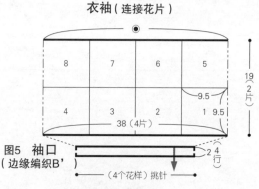

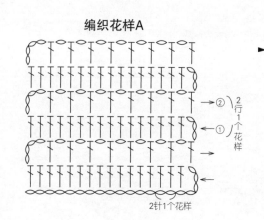

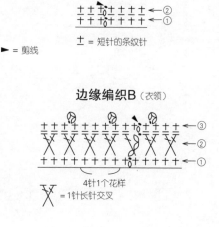

※ 全部使用2/0号针钩织

※ 花片内的数字表示连接的顺序
※ ◉=一边和衣袖拼接线连接，一边钩织
※ 花片角部的连接方法请参照第87页

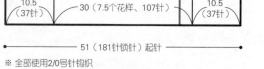

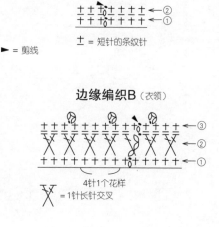

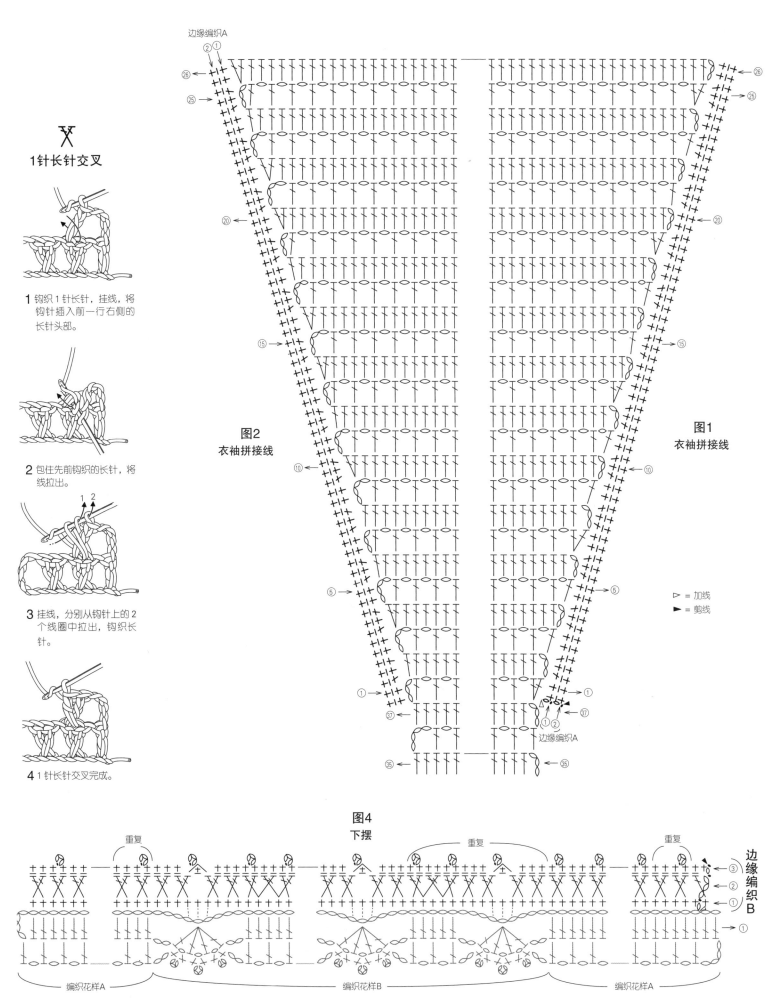

1针长针交叉

1 钩织1针长针，挂线，将钩针插入前一行右侧的长针头部。

2 包住先前钩织的长针，将线拉出。

3 挂线，分别从钩针上的2个线圈中拉出，钩织长针。

4 1针长针交叉完成。

边缘编织A

图2
衣袖拼接线

图1
衣袖拼接线

▷ = 加线
► = 剪线

图4
下摆

重复

边缘编织B

编织花样A
编织花样B
编织花样A

※ 注意从编织花样B挑针的地方有变化

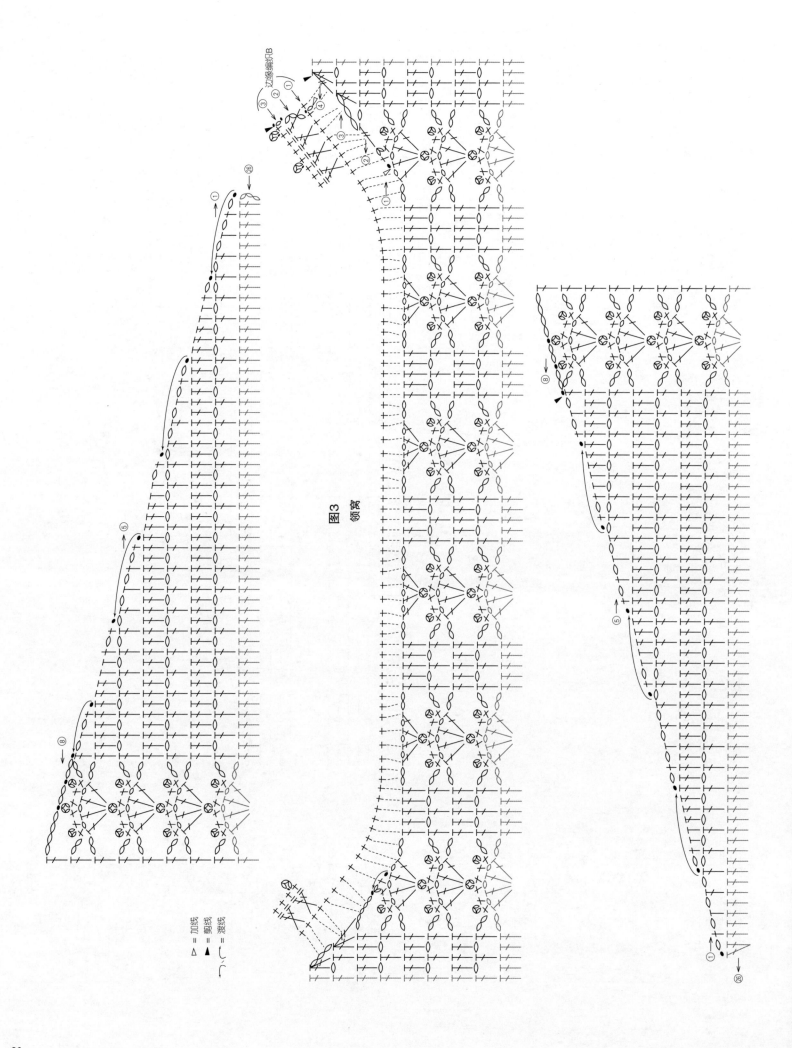

图3
领窝

边缘编织B

△ = 加线
▲ = 剪线
⌒⌒ = 渡线

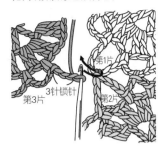

花片 16片

1 在第3片花片连接位置前面钩织3针锁针，从上面将钩针插入第2片花片引拔针的底部2根线。

2 挂线并引拔出。第4片花片也在相同的地方钩织引拔针。

▷ = 加线
► = 剪线

第3片 3针锁针 第1片 第2片

第3片 引拔针 第1片 第2片

⌇ 、⌇ = 变化的2针中长针的枣形针

※钩织方法请参照第103页变化的3针中长针的枣形针

9.5

9.5

花片的连接方法

边缘编织 B'

① ② ③ ④

1个花样

图5
袖口

87

材料
奥林巴斯 Emmy Grande 褐色(736) 440g/9
团,适量弹力线
工具
钩针 2/0 号
成品尺寸
胸围 88cm, 衣长 79cm (不含肩绳)
编织密度
10cm×10cm 面积内:编织花样 A 32 针,
13 行;编织花样 B 35.5 针, 13 行;编织花
样 C 35.5 针, 10.5 行

编织要点
● 身片…后身片〈上〉、前身片〈上〉锁针
起针,做编织花样 A。后身片〈下〉、前身
片〈下〉从起针的锁针挑取指定数量的针
目,做编织花样 B、C。
● 组合…胁部钩织引拔针和锁针接合。边缘
环形钩织短针。肩绳从指定位置挑针,做编
织花样 D。后身片边缘第 2 行包住弹力线钩
织。后身片的边缘抽褶到需要的长度,肩绳
包住反折的弹力线端头缝在后身片。

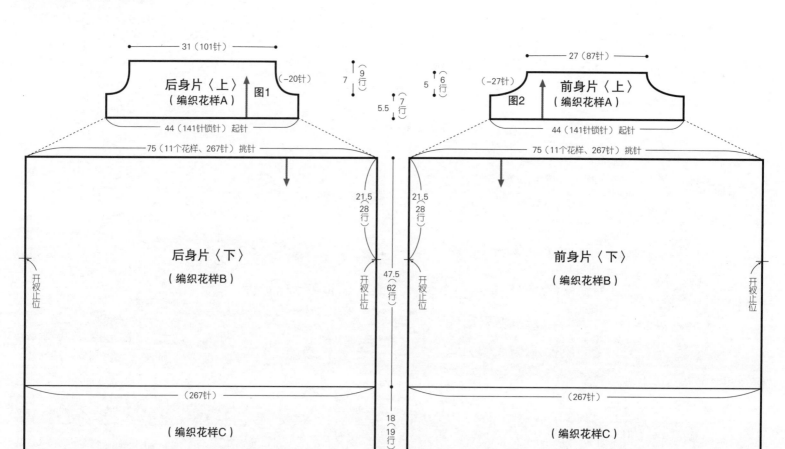

31 (101针)

后身片〈上〉
(编织花样A) 图1

(-20针)

44 (141针锁针) 起针

75 (11个花样、267针) 挑针

后身片〈下〉
(编织花样B)

21.5
28行

47.5
62行

(267针)

(编织花样C)

18
(19行)

开衩止位

7
9行
5.5
7行

5
6行

27 (87针)

(-27针)

图2 前身片〈上〉
(编织花样A)

44 (141针锁针) 起针

75 (11个花样、267针) 挑针

前身片〈下〉
(编织花样B)

21.5
28行

(267针)

(编织花样C)

开衩止位

※全部使用2/0号针钩织

► = 剪线

编织花样D

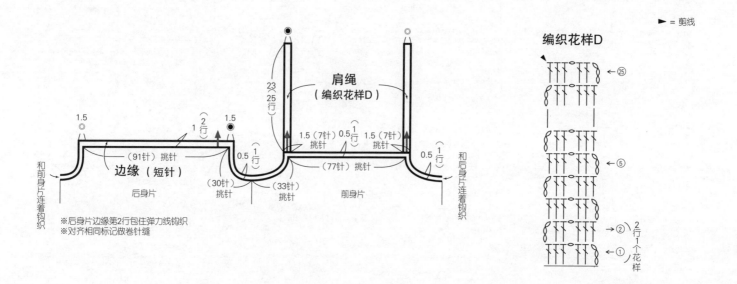

23
25行

肩绳
(编织花样D)

1.5
1.5 (7针) 挑针 0.5 1.5 (7针) 挑针
1行

(91针) 挑针

1
2行

0.5
1行

(30针) (33针)
挑针 挑针

(77针) 挑针

0.5
1行

边缘 (短针)

后身片

前身片

和前身片连着钩织

和后身片连着钩织

※后身片边缘第2行包住弹力线钩织
※对齐相同标记做卷针缝

25
5
2
1
2行
1个花
样

组合方法

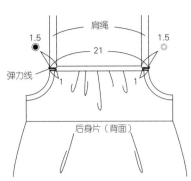

肩绳

1.5　　21　　1.5

弹力线　　1　　　1

后身片（背面）

※包住弹力线的后身片边缘第2行要适当抽褶至指定长度，然后将弹力线端头折向背面，和肩绳一起卷针缝缝合

编织花样A

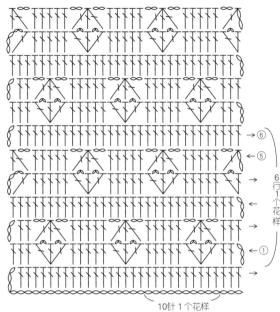

← ⑥
← ⑤

6行1个花样

← ①
→

10针1个花样

编织花样C

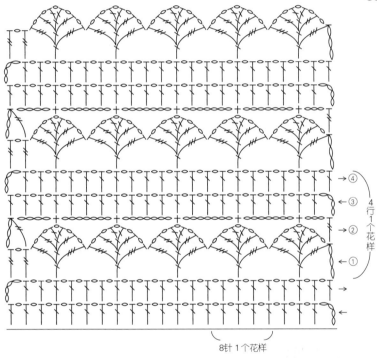

④
← ③

4行1个花样

← ②
← ①
→

←

8针1个花样

①钩织四卷长针。
②钩织1针锁针。按照Y形针的要领挑起四卷长针的底部2根线，钩织三卷长针。
③钩织1针锁针。挑起三卷长针的底部2根线，钩织长长针。
④钩织1针锁针。挑起长长针的底部2根线，钩织长针。
⑤按照③和②的方法钩织长长针、三卷长针。

Y形针

1 钩针挂2次线，挑取前一行（这里为起针行）端头第3针，钩织长长针。

1针锁针

2 钩织1针锁针，挂线，挑取长长针最下方的2根线。

3 挂线并拉出。

4 将线挂到钩针上，从钩针上的2个线圈中拉出。

5 再次将线挂到钩针上，从钩针上的2个线圈中拉出。完成。

① 34行1个花样

①（267针）

①钩织四卷长针。
②钩织1针锁针。按照Y形针的要领挑起四卷长针的底部2根线，钩织三卷长针。
③钩织1针锁针。挑起三卷长针的底部2根线，钩织长长针。
④钩织1针锁针。挑起长长针的底部2根线，钩织长针。
⑤按照③和②的方法钩织长长针、三卷长针。

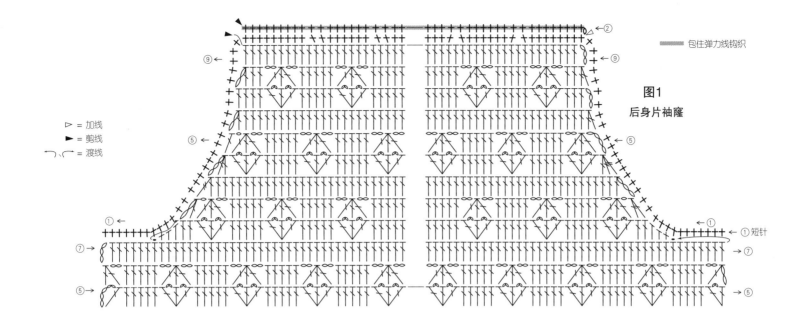

■■■■■ 包住弹力线钩织

▷ = 加线
► = 剪线
⌒ = 渡线

图1
后身片袖窿

① 短针

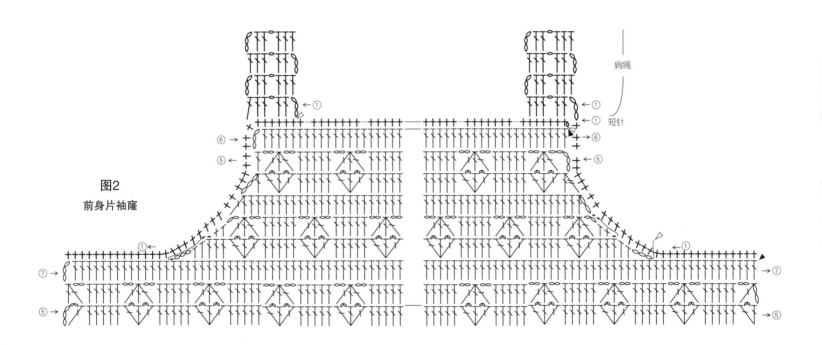

图2
前身片袖窿

肩绳
① 短针

横向渡线编织
配色花样的方法

第3行　底色线　配色线

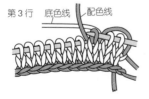
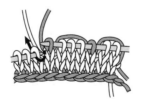
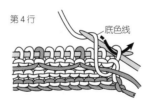
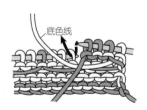

第4行　底色线

1 加入配色线后开始编织，用底色线编织2针，用配色线编织1针。

2 配色线在上，底色线在下渡线，重复"底色线织3针，配色线织1针"。

3 第4行的编织起点。加入配色线编织第1针。

4 编织上针行时也要配色线在上，底色线在下渡线。

第5行　底色线

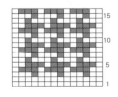
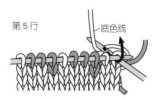
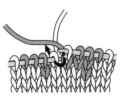

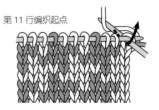

第6行

第11行编织起点

5 每行的编织起点，在编织线中加入休线后编织。

6 按照符号图，重复"配色线织3针，底色线织1针"。

7 重复"配色线织1针，底色线织3针"。此行能编织出1个花样。

8 2个千鸟格的花样编织完成的情形。

91

材料
Ski毛线Ski Linen Silk 灰绿色（1427）380g/16团，黑色（1415）25g/1团；宽30mm的松紧带80cm

工具
钩针4/0号、3/0号、5/0号（起针用）

成品尺寸
腰围78cm，裙长71.5cm

编织密度
10cm×10cm面积内：编织花样A 25.5针，18行

编织要点
●锁针起针。第1行挑起半针和里山的2根线，编织花样A、B、C分别一边分散加针一边环形钩织。加针方法参照图示。下摆钩织短针的条纹针和条纹花样B。腰头挑取指定数量的针目，环形做编织花样D，注意参照图示制作松紧带口。腰头夹入松紧带后折向反面，松松地做藏针缝。

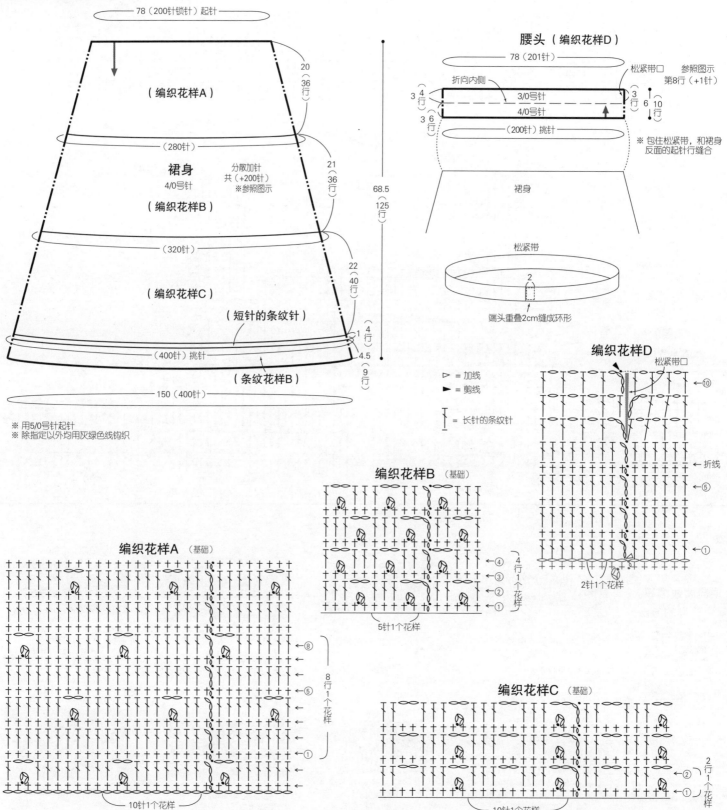

分散加针的方法

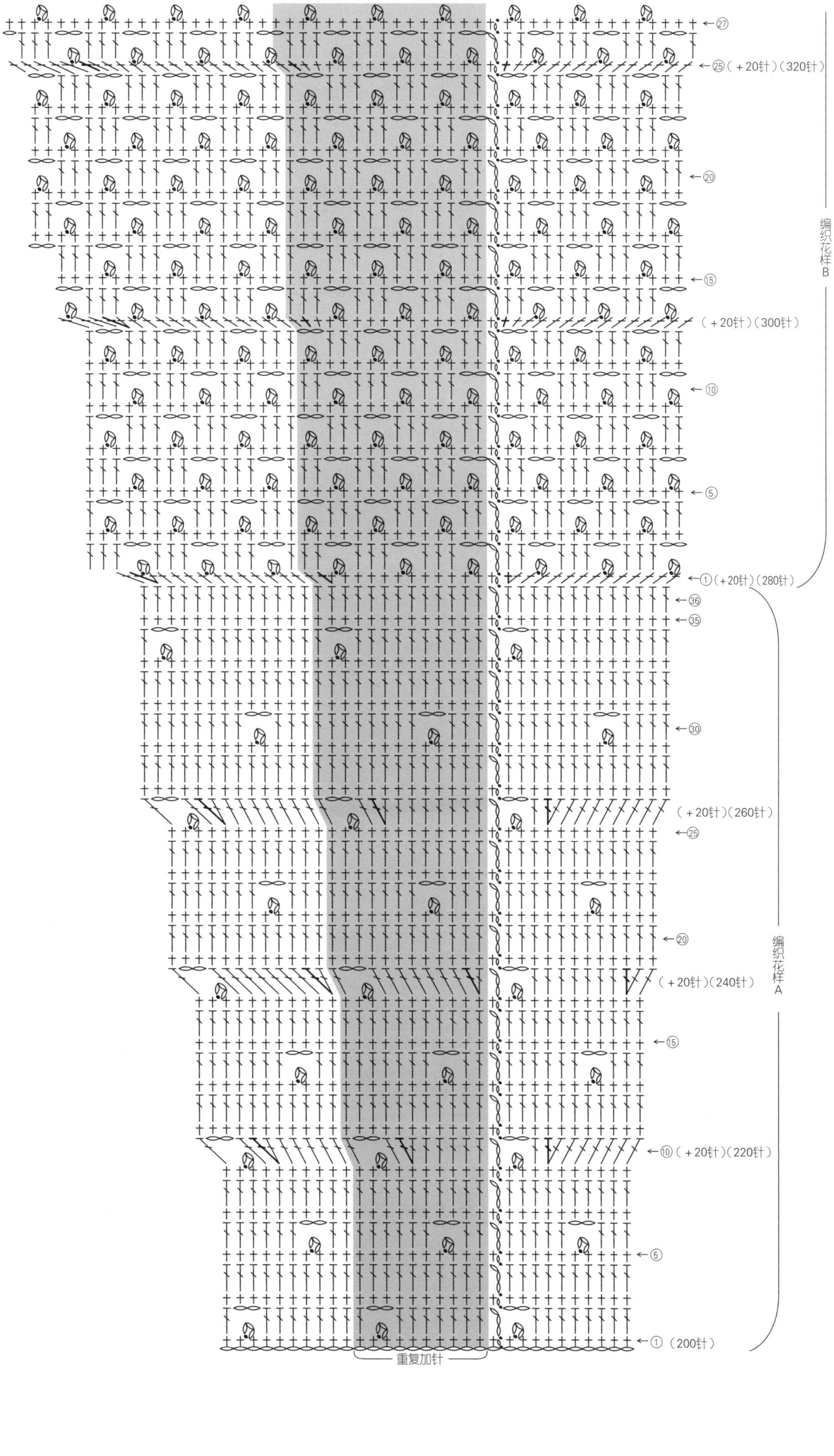

←㉗

←㉕（＋20针）（320针）

←⑳

←⑮

（＋20针）（300针）

←⑩

←⑤

←①（＋20针）（280针）

←㊱

←㉟

←㉚

（＋20针）（260针）
←㉕

←⑳

（＋20针）（240针）

←⑮

←⑩（＋20针）（220针）

←⑤

←①（200针）

重复加针

编织花样B

编织花样A

93

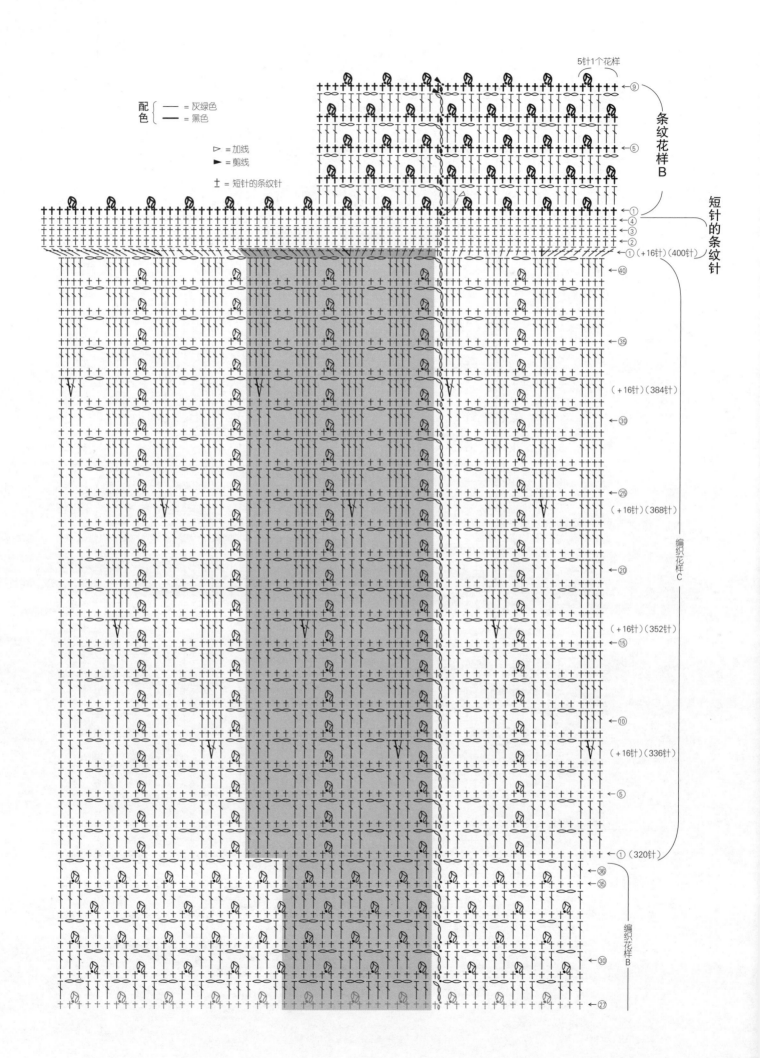

配色 { —— = 灰绿色
　　　 —— = 黑色 }

▷ = 加线
► = 剪线
⊥ = 短针的条纹针

5针1个花样

条纹花样B

短针的条纹针

编织花样C

（+16针）（400针）

（+16针）（384针）

（+16针）（368针）

（+16针）（352针）

（+16针）（336针）

①（320针）

编织花样B

材料
Ski毛线Ski Linen Silk 浅灰色（1403）
345g/14团，直径15mm的纽扣7颗

工具
钩针4/0号

成品尺寸
胸围98.5cm，肩宽36cm，衣长54cm，袖长37.5cm

编织密度
花片边长8cm
10cm×10cm面积内：编织花样B 30针，12.5行

编织要点
● 身片、衣袖…后身片〈下〉、前身片〈下〉、衣袖〈下〉用连接花片的方法钩织。花片在最终行钩织引拔针和相邻花片连接。后身片〈上〉、前身片〈上〉、衣袖〈上〉从花片挑针，做编织花样A、B。参照图示加减针。
● 组合…肩部卷针缝缝合，胁部、袖下钩织引拔针和锁针接合。下摆、衣领、前门襟挑取指定数量的针目做边缘编织A，下摆注意在第2行加针。右前门襟开扣眼。前门襟、衣领、下摆边缘连在一起做边缘编织B。袖口的边缘编织A、B做环形的往返编织。衣袖和身片做引拔接合。缝上纽扣。

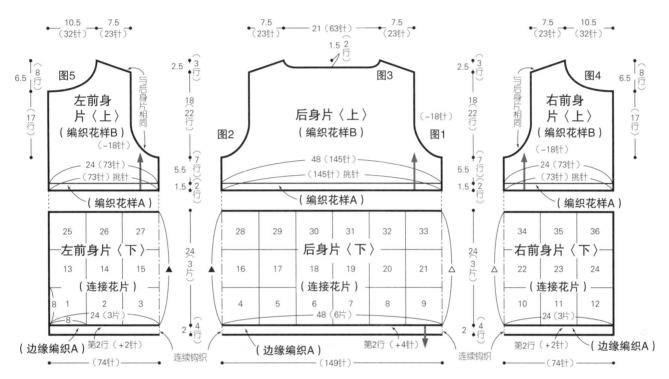

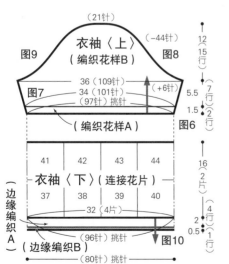

※全部使用4/0号针钩织
※花片内的数字表示连接的顺序
※对齐相同标记连接
※下摆的边缘编织A将前后身片连在一起挑针（289针），第2行在花片2、5、8、11分别加2针（参照图示）

边缘编织A（下摆、衣领、前门襟）

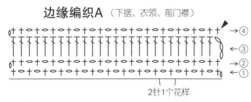

2针1个花样

边缘编织B（前门襟、衣领、下摆边缘）

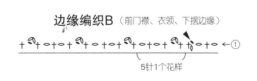

5针1个花样

花片 52片

►＝剪线

衣领、前门襟（边缘编织A）
前门襟、衣领、下摆边缘（边缘编织B）

花片的连接方法

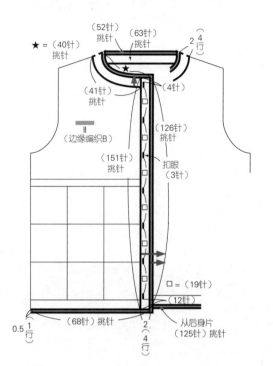

编织花样B

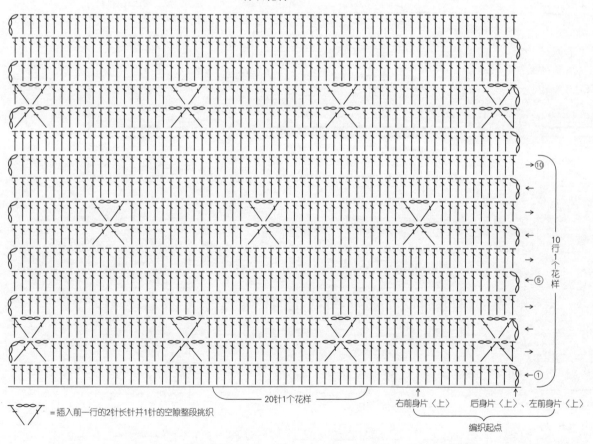

▽ = 插入前一行的2针长针并1针的空隙整段挑织

编织花样A

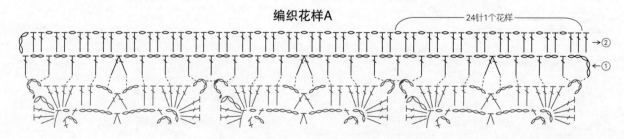

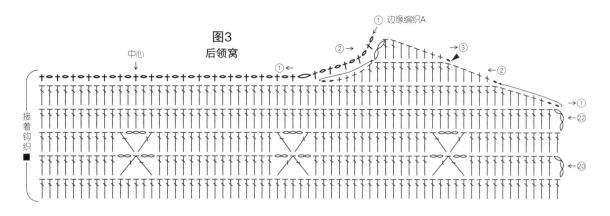

图3 后领窝

中心

接着钩织

① 边缘编织A

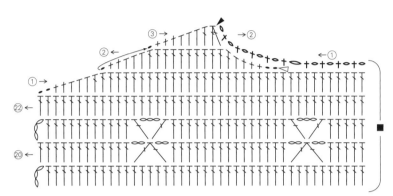

▷ = 加线
► = 剪线
↰、↱ = 渡线

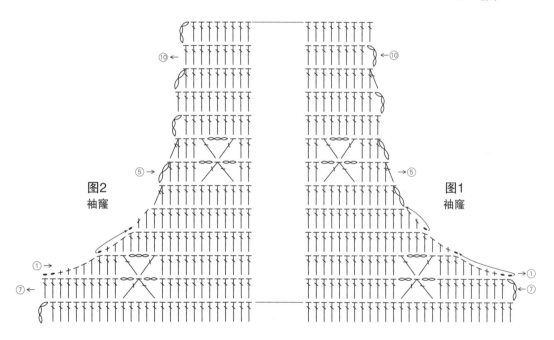

图2 袖窿

图1 袖窿

图10 袖口

1个花样

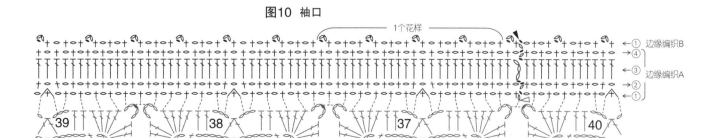

① 边缘编织B
④
③ 边缘编织A
②
①

39 38 37 40

97

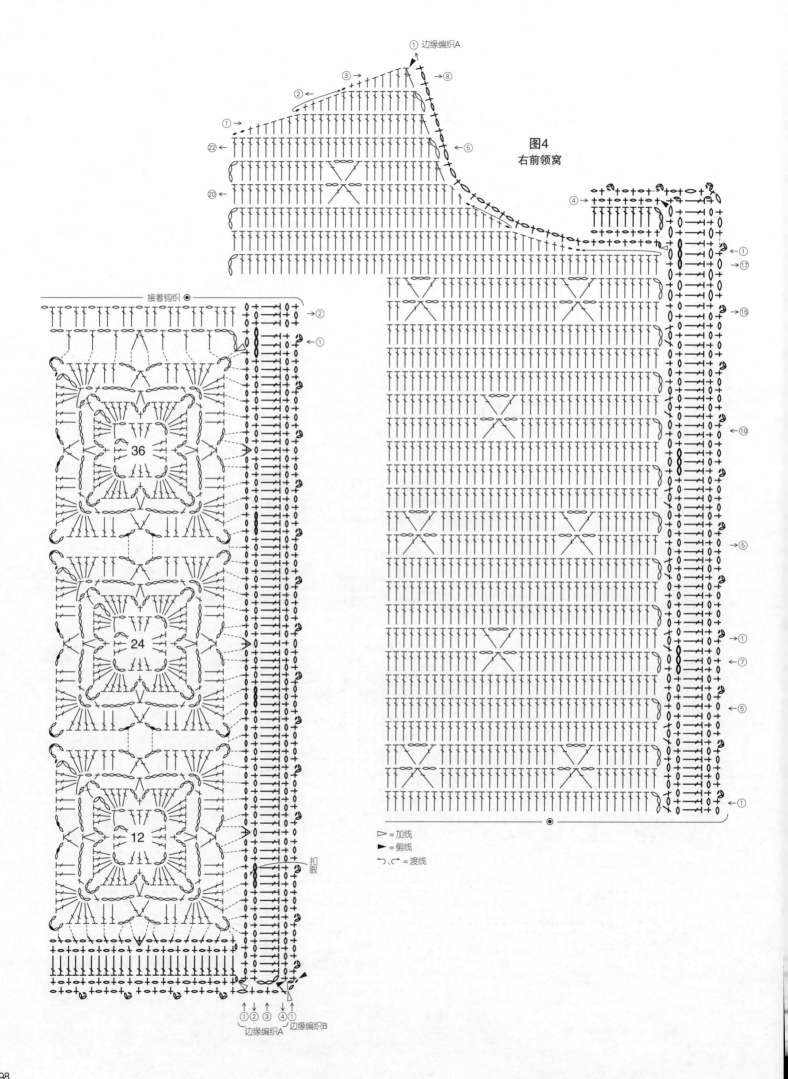

图4
右前领窝

接着钩织 ◉

边缘编织A

扣眼

①②③④①
边缘编织A 边缘编织B

▷ = 加线
▶ = 剪线
↰、↱ = 渡线

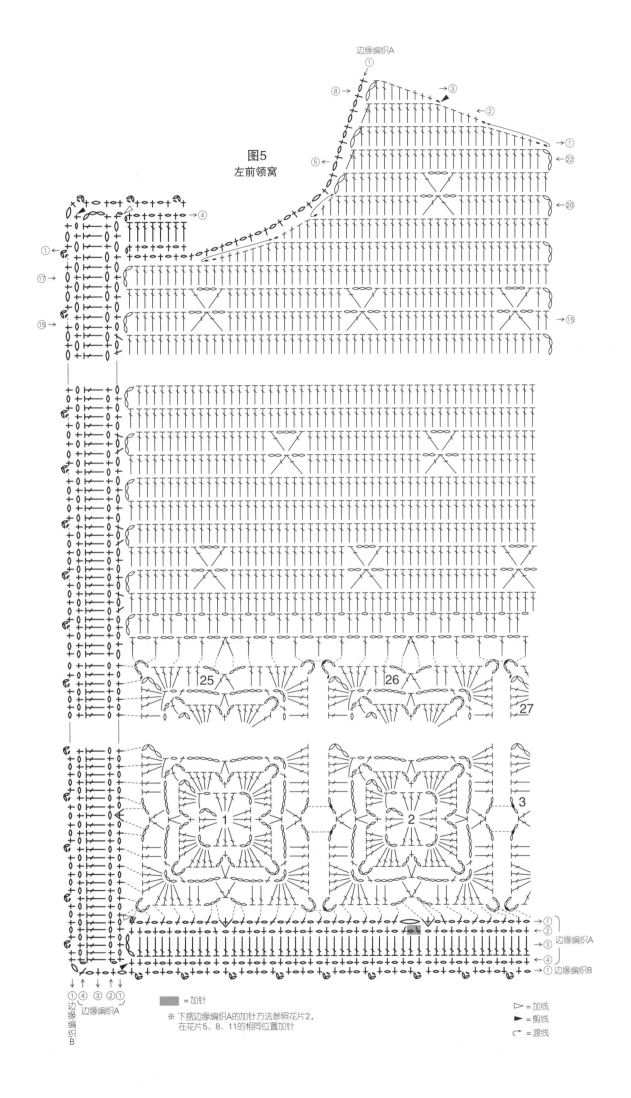

图5
左前领窝

边缘编织A

= 加针

※ 下摆边缘编织A的加针方法参照花片2，
在花片5、8、11的相同位置加针

▷ = 加线
► = 剪线
↻ = 渡线

①④③②①
边缘编织A
边缘编织B

边缘编织A
边缘编织B

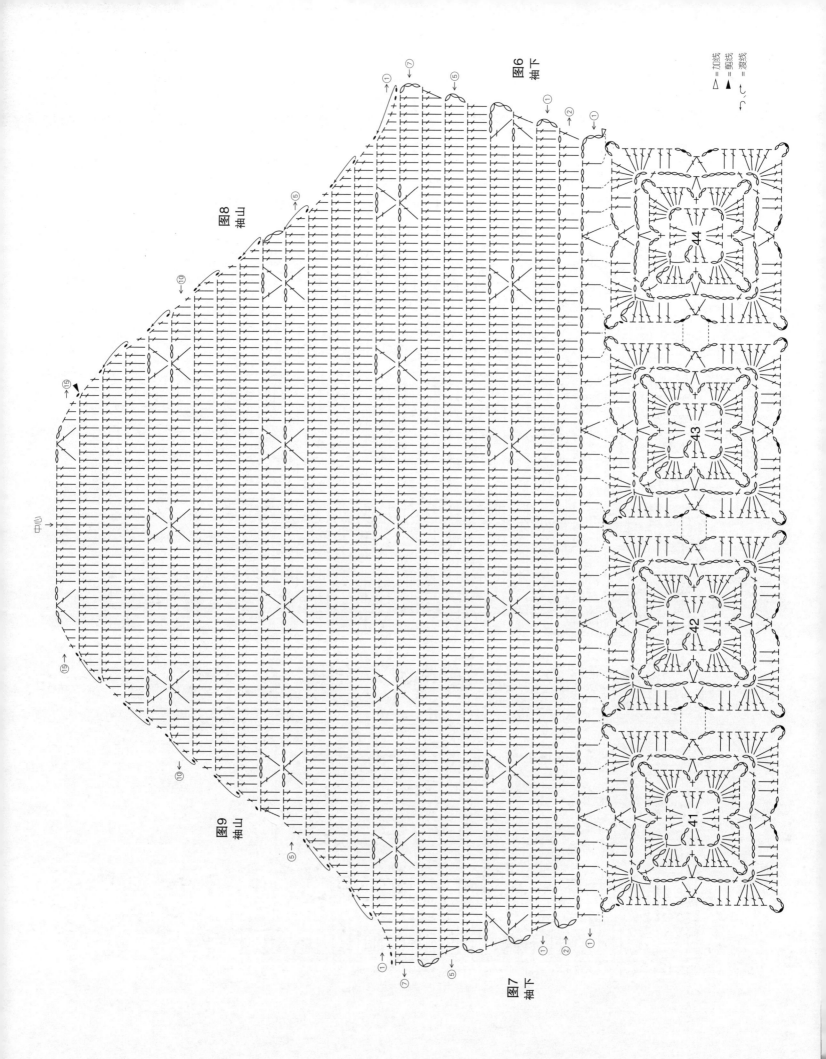

材料
钻石线 Dia Costa Sorbet 黄色系混合（3105）
280g/10团
工具
钩针4/0号
成品尺寸
胸围98cm，衣长54.5cm，连肩袖长52cm
编织密度
编织花样A 1个花样10针3.3cm，10行10cm

10cm×10cm面积内：编织花样B 30针，11行
编织要点
●身片、衣袖…锁针起针，做编织花样A、B。
●组合…肩部钩织引拔针和锁针接合，胁部、袖下钩织引拔针和锁针接合。钩织引拔针和锁针，将衣袖和身片连在一起。

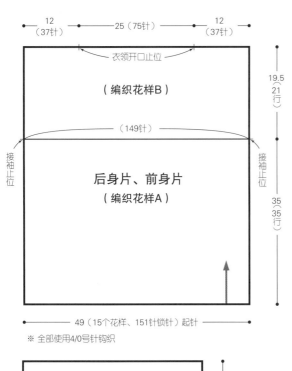

衣领开口止位
（编织花样B）
12（37针）　25（75针）　12（37针）
19.5 21（行）
（149针）
接袖止位　接袖止位
后身片、前身片
（编织花样A）
35 35（行）
49（15个花样、151针锁针）起针
※ 全部使用4/0号针钩织

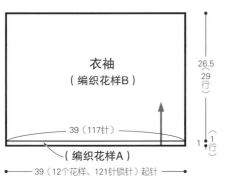

衣袖
（编织花样B）
26.5 29（行）
39（117针）
1 1（行）
（编织花样A）
39（12个花样、121针锁针）起针

编织花样A

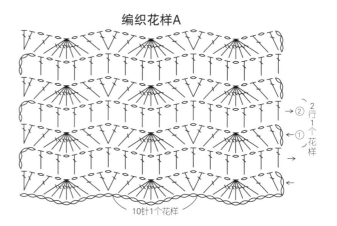

10针1个花样
2行1个花样

编织花样B

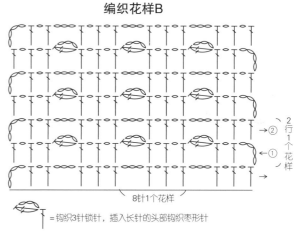

8针1个花样
2行1个花样

= 钩织3针锁针，插入长针的头部钩织枣形针

编织花样B的挑针方法（后身片、前身片）

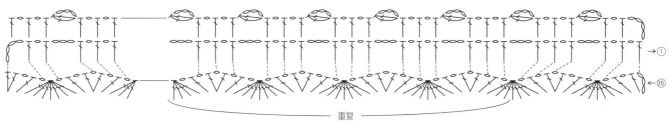

重复

编织花样B的挑针方法（衣袖）

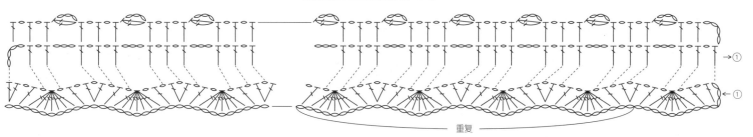

重复

101

材料
DARUMA Rambouillet Wool Cotton 淡灰色(4) 300g/6团，黄色(3) 185g/4团；直径20mm的纽扣2颗
工具
钩针5/0号
成品尺寸
连肩袖长26.5cm，衣长58.5cm
编织密度
10cm×10cm面积内：条纹花样A 28针，15行

编织要点
●身片…后身片的左肩和右肩分别钩织锁针起针，然后做编织花样A。钩织12行后，将左肩、领窝和右肩连在一起钩织短针和条纹花样A、B。前身片从肩部起针的锁针挑针，按照和后身片相同的方法钩织。胁部做编织花样B。后侧留出腰带穿入孔。
●组合…衣领挑取指定数量的针目，参照图示环形做编织花样B。在前身片指定位置钩织腰带。右腰带制作扣眼。缝上纽扣。

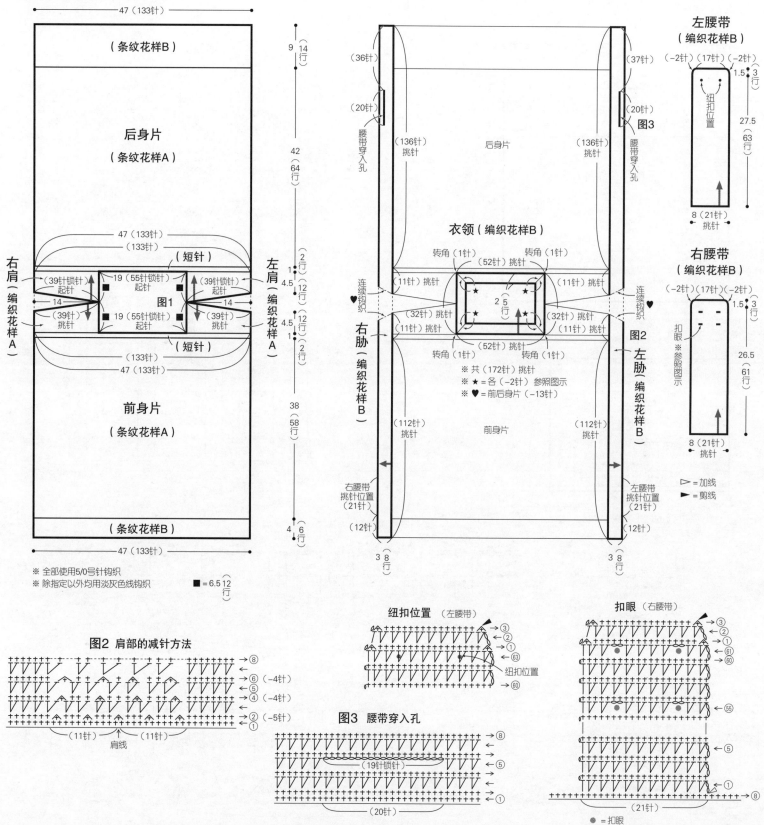

※ 全部使用5/0号针钩织
※ 除指定以外均用淡灰色线钩织   ■=6.5 12行

图2 肩部的减针方法

纽扣位置（左腰带）

图3 腰带穿入孔

扣眼（右腰带）

● =扣眼

条纹花样A

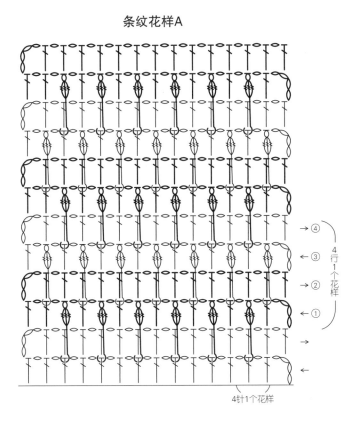

→④
←③ 4行1个花样
→②
←①

→
←

4针1个花样

编织花样B

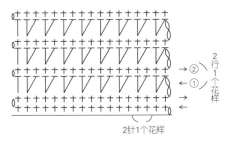

→② 2行1个花样
←①

2针1个花样

▷＝加线
►＝剪线

配色 { ── ＝淡灰色
　　　── ＝黄色 }

＝ 变化的3针长长针的正拉针的枣形针

※钩织方法请参照第169页的长针的正拉针

条纹花样B（后身片）　4针1个花样

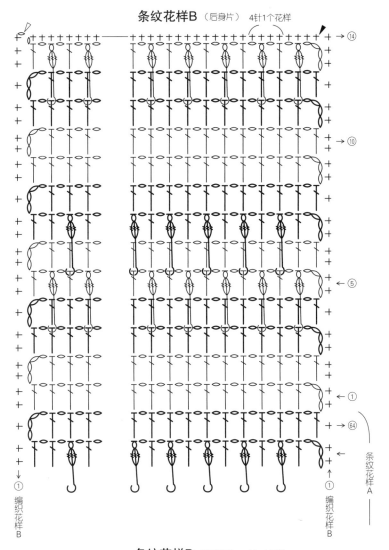

→⑭
→⑩
→⑤
←①
→㊽
←①

编织花样B　　条纹花样A
　　　　　　　编织花样B

条纹花样B（前身片）　4针1个花样

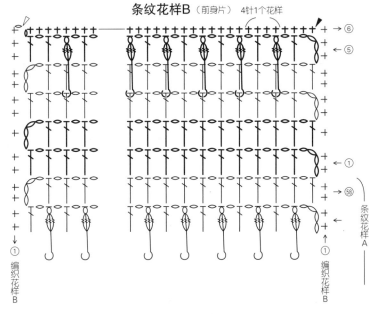

→⑥
←⑤
←①
→㊿

编织花样B　　条纹花样A
　　　　　　　编织花样B

变化的3针中长针的枣形针
（从1针中挑针）

1 钩针挂线，在1针中钩织3针未完成的中长针。

2 钩针挂线，一次性从钩针上的6个线圈中引拔出。

3 钩针挂线，从剩余的2个线圈中引拔出。

4 拉紧头部，完成。

衣领编织花样B的分散减针

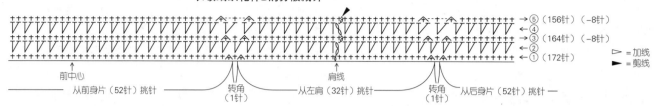

▷ = 加线
► = 剪线

→⑤（156针）（-8针）
←④
→③（164针）（-8针）
←②
←①（172针）

前中心
从前身片（52针）挑针
转角（1针）
肩线
从左肩（32针）挑针
转角（1针）
从后身片（52针）挑针

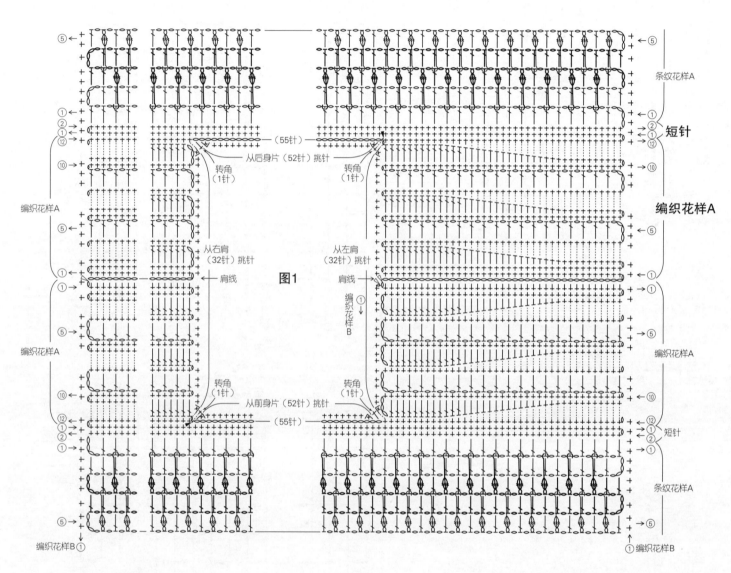

图1

条纹花样A
短针
编织花样A
从后身片（52针）挑针
转角（1针）
从右肩（32针）挑针
肩线
编织花样A
编织花样A
转角（1针）
从前身片（52针）挑针
编织花样B
从左肩（32针）挑针
肩线
编织花样B
短针
条纹花样A
编织花样B

配色 { — = 淡灰色
— = 黄色 }

※右肩对称编织

材料
钻石线 Dia Tango 绿色系段染（3205）
225g/8团，直径13mm的纽扣2颗

工具
钩针4/0号

成品尺寸
胸围100cm，衣长54cm，连肩袖长46cm

编织密度
花片边长8cm
10cm×10cm面积内：编织花样26.5针，10行

编织要点
●身片、衣袖…左后身片、右前身片、左前身

片均钩织锁针起针，右后身片从左后身片挑针，分别做编织花样。参照图示加减针。衣袖中央用连接花片的方法钩织。最终行和前后身片连接，从第2片花片开始，一边和相邻花片连接，一边钩织。花片边缘参照图示钩织。
●组合…胁部做半针的卷针缝，袖下钩织引拔针和锁针接合。下摆按照和衣袖中央相同的要领，一边将连接花片和身片连接，一边将前后身片连在一起，注意参照图示处理边缘。下摆、衣领、前门襟和袖口做边缘编织。缝上纽扣。

14 页的作品 ★★★

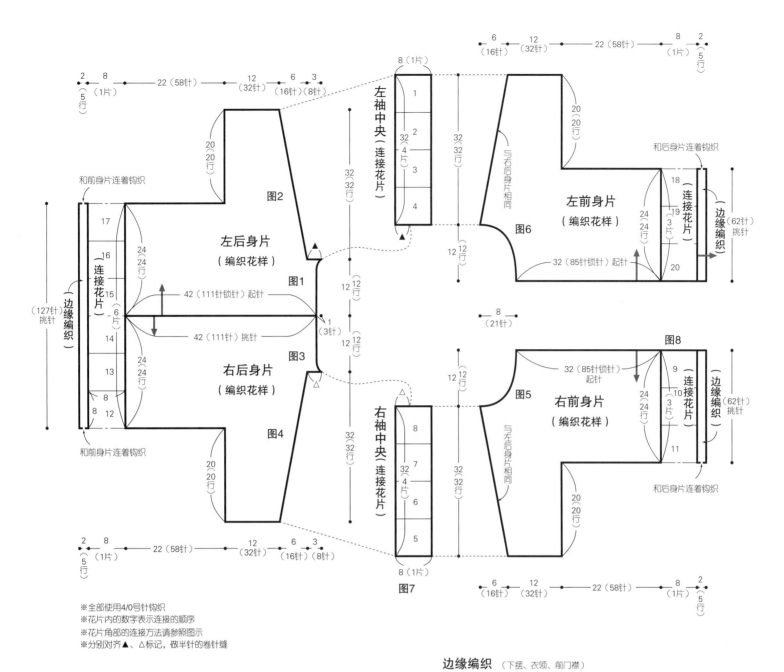

图2

左后身片
（编织花样）

图1

左袖中央（连接花片）

左前身片
（编织花样）

连接花片

边缘编织（62针）挑针

图6

右后身片
（编织花样）

图3

图4

右袖中央（连接花片）

右前身片
（编织花样）

图5

连接花片

边缘编织（62针）挑针

图8

和后身片连着钩织

和前身片连着钩织

连接花片

边缘编织（127针）挑针

和前身片连着钩织

图7

※全部使用4/0号针钩织
※花片内的数字表示连接的顺序
※花片角部的连接方法请参照图示
※分别对齐▲、△标记，做半针的卷针缝

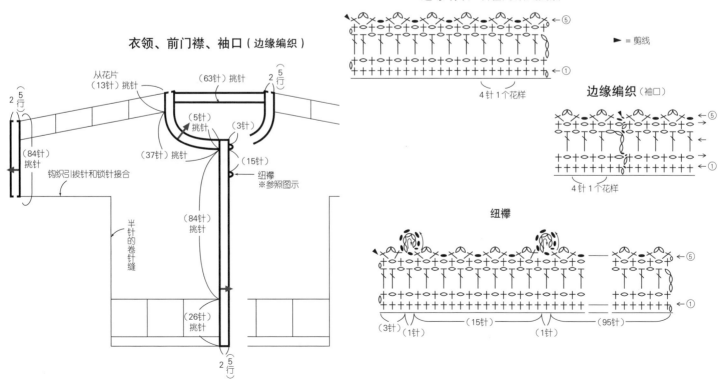

衣领、前门襟、袖口（边缘编织）

从花片（13针）挑针

（63针）挑针

（5针）挑针

（3针）挑针

（37针）挑针

（15针）

（84针）挑针

钩织引拔针和锁针接合

纽襻
※参照图示

半针的卷针缝

（84针）挑针

（26针）挑针

2（5行）

边缘编织（下摆、衣领、前门襟）

4针1个花样

► = 剪线

边缘编织（袖口）

4针1个花样

纽襻

（3针）（1针）（15针）（1针）（95针）

105

编织花样

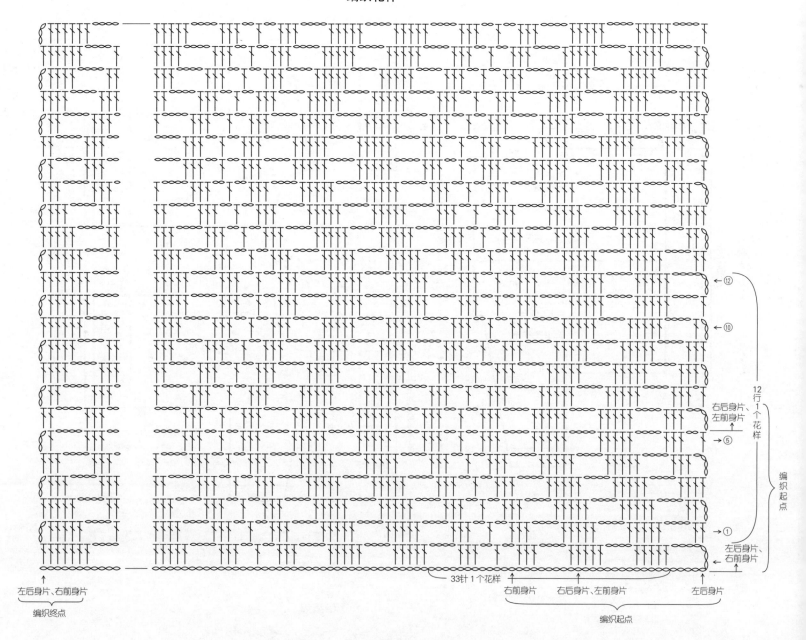

左后身片、右前身片
编织终点

33针 1个花样

右前身片   右后身片、左前身片   左后身片

编织起点

右后身片、
左前身片

左后身片、
右前身片

12行 1个花样

编织起点

► = 剪线

花片 20片

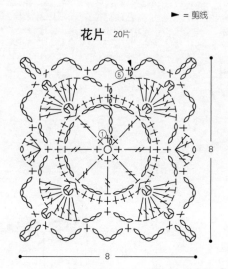

8

8

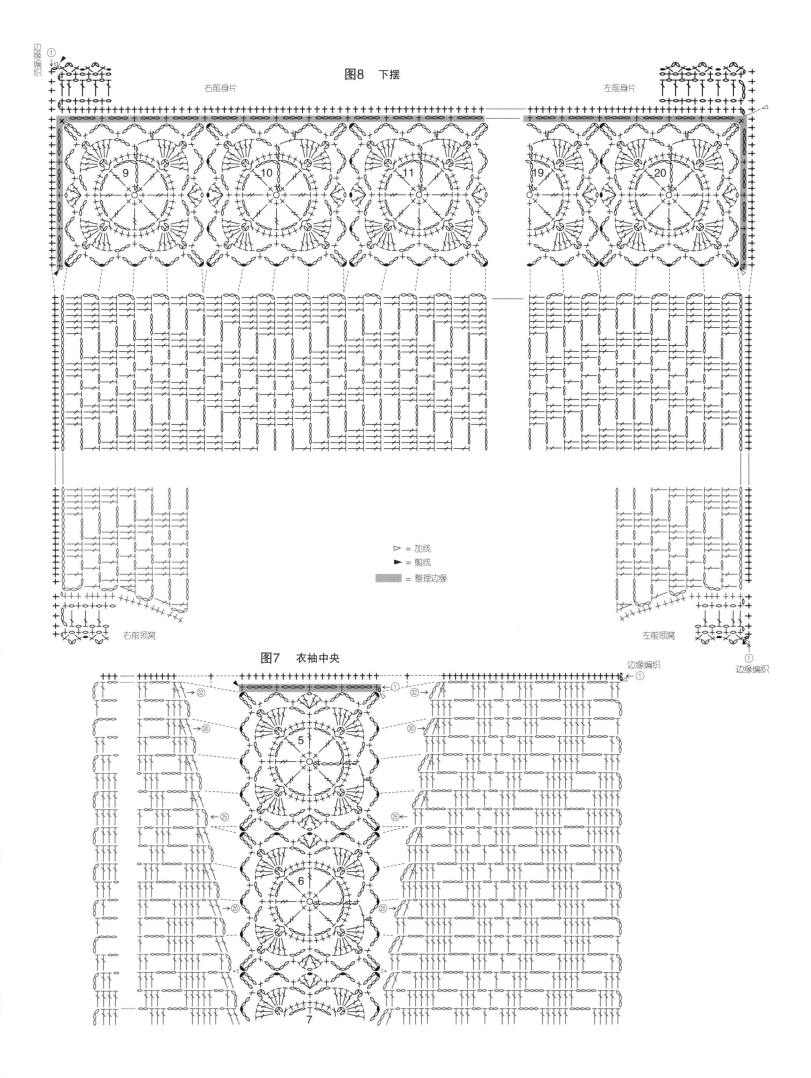

图8　下摆

右前身片　　左前身片

边缘编织

▷ = 加线
► = 剪线
▨ = 整理边缘

右前领窝　　左前领窝

图7　衣袖中央

边缘编织

边缘编织

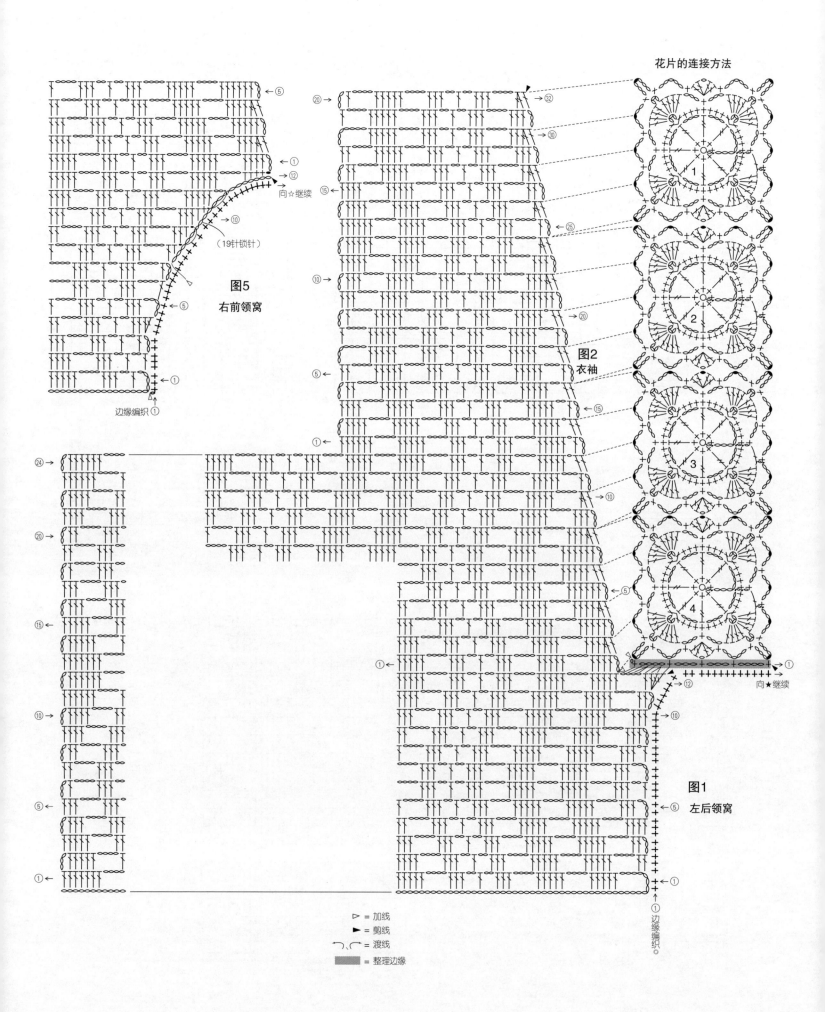

花片的连接方法

图5
右前领窝

（19针锁针）

向☆继续

→⑩

→⑤

←①

边缘编织①

图2
衣袖

→㉜

→㉚

→㉕

→⑳

→⑩

图1
左后领窝

向★继续

边缘编织。

▷ = 加线

► = 剪线

⌒、⌒ = 渡线

▬ = 整理边缘

108

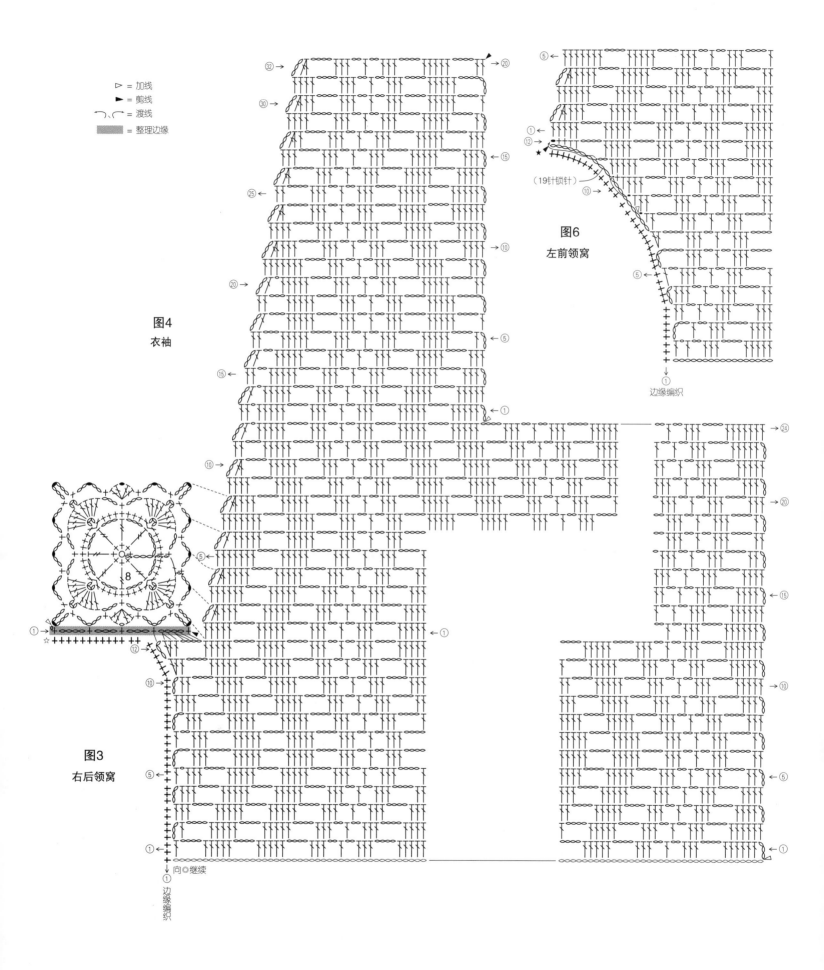

▷ = 加线
► = 剪线
⌒、⌒ = 渡线
▓ = 整理边缘

图4
衣袖

图6
左前领窝

（19针锁针）

边缘编织

图3
右后领窝

向◎继续

边缘编织

109

材料
[长马甲]芭贝 Arabis 原白色（6002）
360g/9团,黄绿色（4616）130g/4团
[长手套]芭贝 Arabis 原白色（6002）80g/2
团
工具
钩针5/0号、6/0号
成品尺寸
[长马甲]胸围96cm，衣长88.5cm，连肩袖
长25.5cm
[长手套] 掌围18cm，长41cm
编织密度
10cm×10cm面积内：条纹花样A、编织花
样A（5/0号针）均为26.5针，15行；编织

花样B 26.5针，17.5行
编织要点
●长马甲…身片用黄绿色线另线锁针起针，
钩织条纹花样A、编织花样B。领窝和斜肩
参照图示钩织。开衩周围做边缘编织。肩
部钩织引拔针接合，胁部钩织引拔针和锁
针接合。下摆钩织1行引拔针。参照图示缝
合开衩口。衣领、袖口环形钩织边缘。
●长手套…锁针起针，环形做编织花样B。
参照图示加针。从起针的锁针挑针，一边调
整编织密度一边环形做编织花样A。最后做
边缘编织。

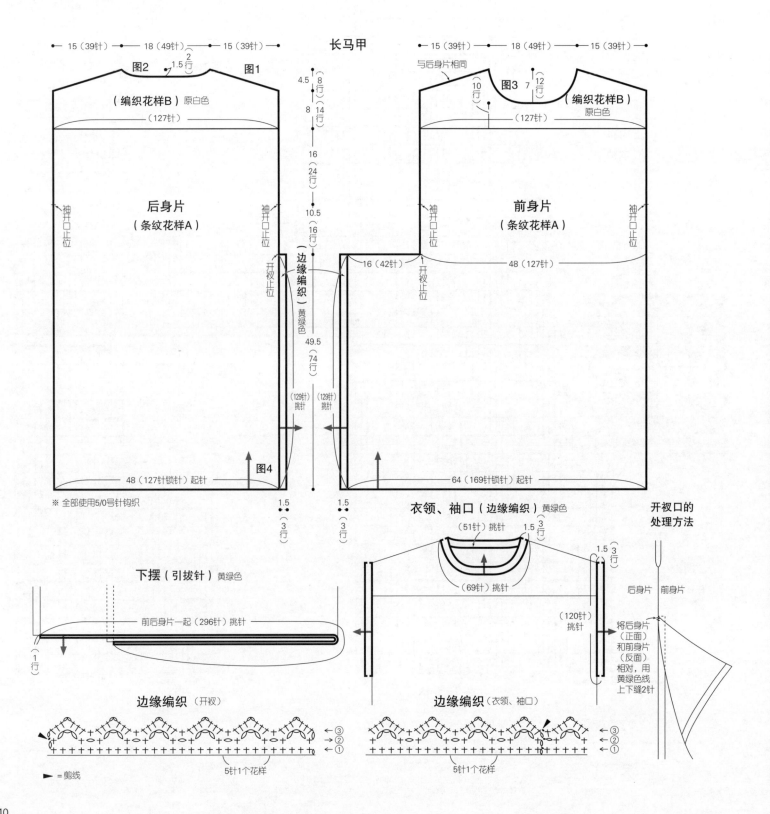

长马甲

※全部使用5/0号针钩织

下摆（引拔针）黄绿色

衣领、袖口（边缘编织）黄绿色

开衩口的处理方法

边缘编织（开衩）

▶ =剪线

5针1个花样

边缘编织（衣领、袖口）

5针1个花样

条纹花样A

编织花样B（长马甲）

②行1个花样
①

2针1个花样

图4
开衩

①边缘编织

→⑮

←⑩

→⑤

→①

8行1个花样

←⑧

→⑤

→①

←

→

6针1个花样

配色 { = 黄绿色
       = 原白色

▷ = 加线
► = 剪线
∽ = 渡线

①边缘编织

←⑫

←⑩

→⑤

→①

图3
前领窝

前中心

⑫←

⑩←

→⑤

→①

①

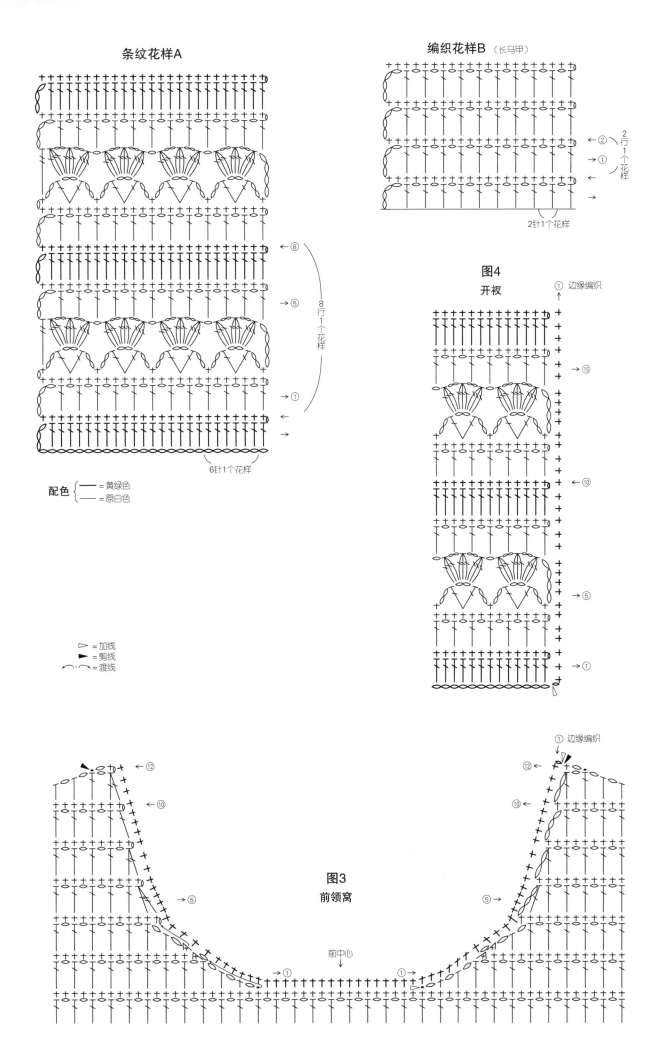

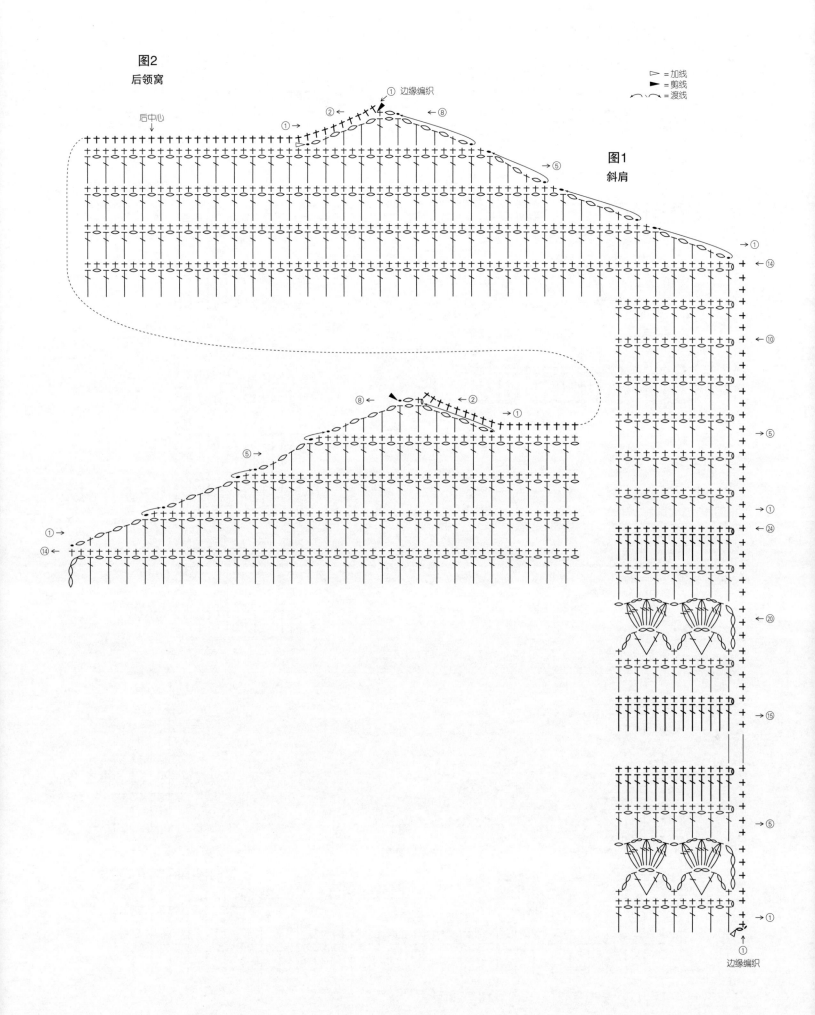

図2
后领窝

图1
斜肩

后中心

边缘编织

边缘编织

▷ = 加线
► = 剪线
⌒⌒ = 渡线

长手套 2片

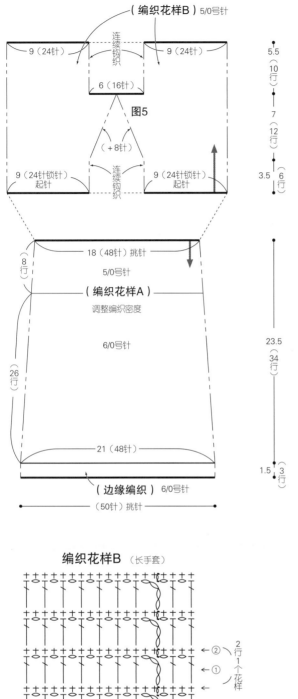

（编织花样B）5/0号针

连续钩织

9（24针）　　　9（24针）

6（16针）

图5

（+8针）

连续钩织

9（24针锁针）起针　　9（24针锁针）起针

18（48针）挑针

5/0号针

（编织花样A）
调整编织密度

6/0号针

21（48针）

（边缘编织）6/0号针

（50针）挑针

5.5
（10行）

7
（12行）

3.5（6行）

23.5
（34行）

1.5（3行）

（8行）

（26行）

编织花样A

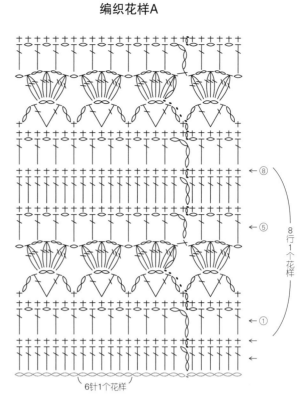

8行1个花样

⑧

⑤

①

6针1个花样

编织花样B（长手套）

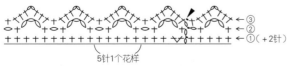

2行1个花样

②
①

2针1个花样

边缘编织（长手套）

► = 剪线

③
②
①（+2针）

5针1个花样

图5
拇指

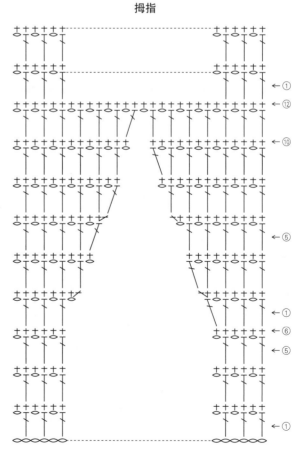

①
⑫
⑩

⑤

①
⑥
⑤

①

材料

和麻纳卡 Flax Ly 蓝色和绿色系混染(805)

[S 号] 420g/17 团

[M 号] 450g/18 团

[L 号] 495g/20 团

[XL 号] 525g/21 团

工具

棒针 5 号、3 号, 钩针 4/0 号

成品尺寸

[S 号] 腰围 56.5cm, 裙长 79cm

[M 号] 腰围 60cm, 裙长 81cm

[L 号] 腰围 63.5cm, 裙长 84cm

[XL 号] 腰围 67cm, 裙长 86cm

编织密度

10cm×10cm 面积内: 单罗纹针 34 针,
34.5 行; 编织花样 A 25 针, 34 行; 编织花
样 B 23 针, 34 行

编织要点

●松松地手指挂线起针后, 环形编织单罗纹
针。在第 20 行留出穿绳孔。接着按编织花
样 A、B 和起伏针编织, 参照图示分散加针。
编织终点做伏针收针。最后钩织细绳穿入指
定位置。

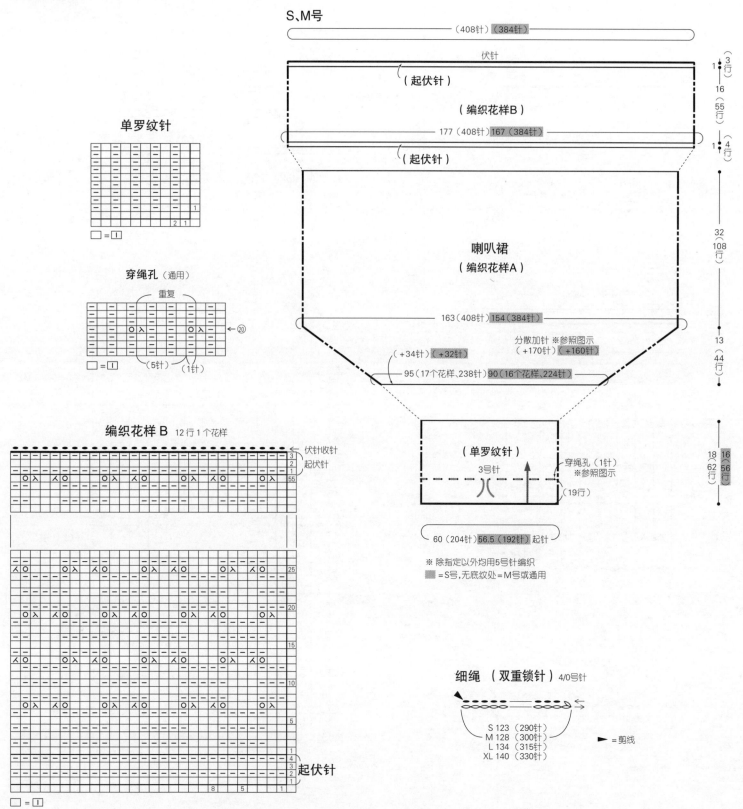

单罗纹针

穿绳孔 (通用)

重复

□ = ⊡

(5针) (1针)

← ⑳

编织花样 B 12 行 1 个花样

伏针收针
起伏针

起伏针

□ = ⊡

S、M 号

(408针) (384针)

伏针

(起伏针)

(编织花样 B)

177 (408针) 167 (384针)

(起伏针)

喇叭裙
(编织花样 A)

163 (408针) 154 (384针)

分散加针 ※参照图示
(+170针) (+160针)

(+34针) (+32针)

95 (17个花样、238针) 90 (16个花样、224针)

(单罗纹针)

3号针

穿绳孔 (1针)
※参照图示

(19行)

60 (204针) 56.5 (192针) 起针

※ 除指定以外均用5号针编织
■ = S号, 无底纹处 = M号或通用

1 3行
16 (55行)
1 4行
32 (108行)
13 (44行)
18 (62行) 16 (56行)

细绳 (双重锁针) 4/0号针

S 123 (290针)
M 128 (300针)
L 134 (315针)
XL 140 (330针)

► = 剪线

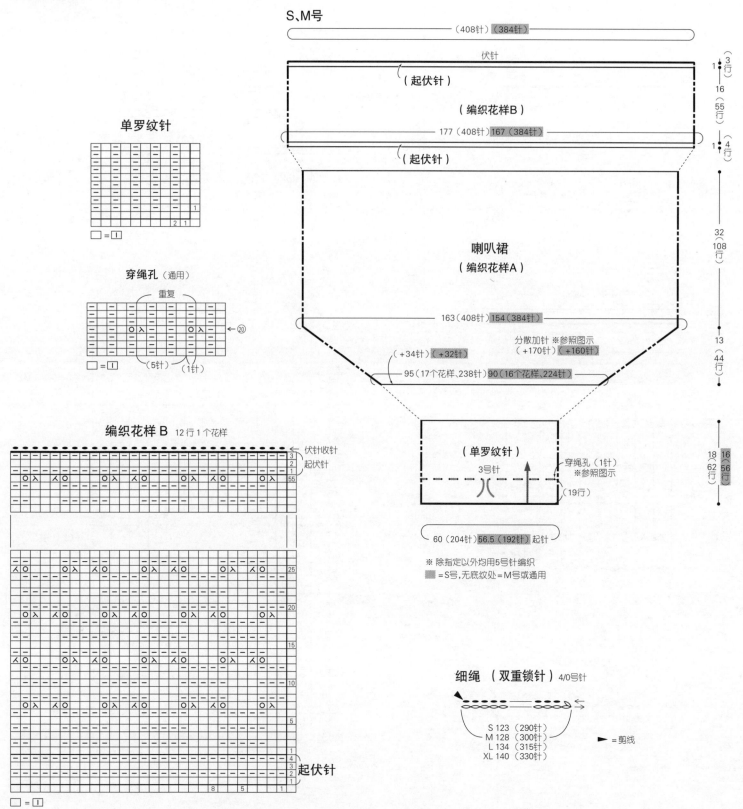

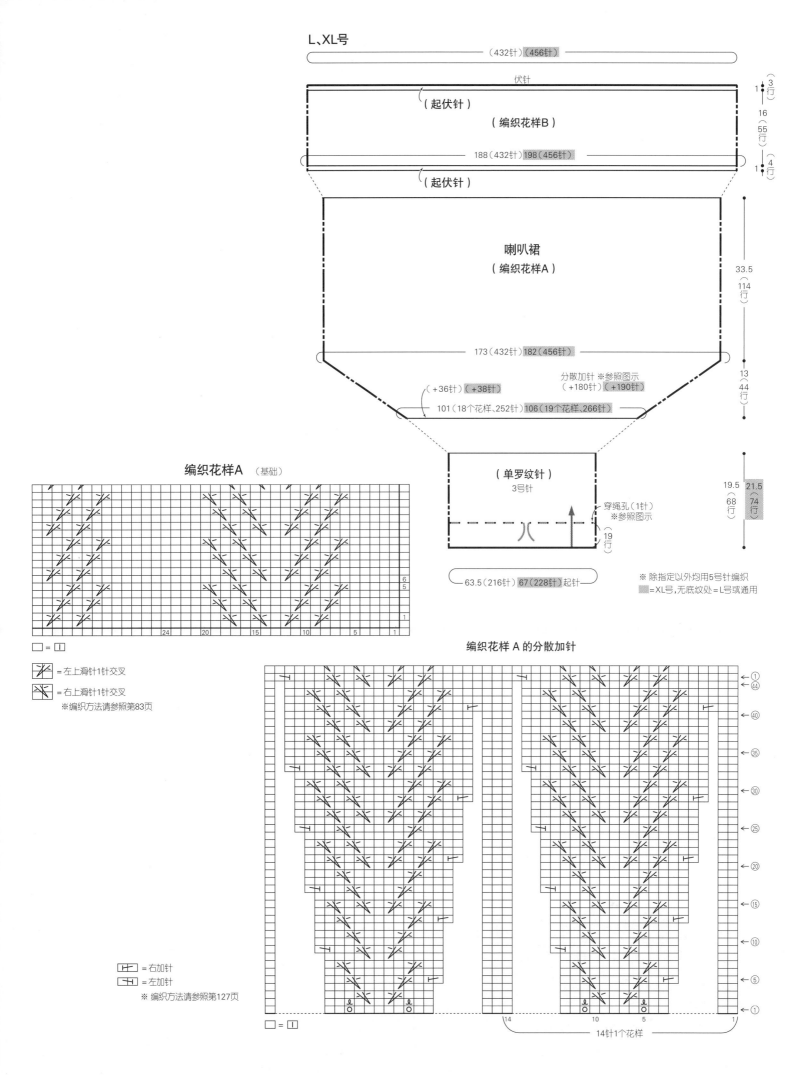

L、XL号

（432针）（456针）

伏针

（起伏针）

（编织花样B）

188（432针） 198（456针）

（起伏针）

喇叭裙

（编织花样A）

173（432针）182（456针）

分散加针 ※参照图示
（+180针）（+190针）

（+36针）（+38针）

101（18个花样、252针）106（19个花样、266针）

（单罗纹针）
3号针

穿绳孔（1针）
※参照图示

63.5（216针）67（228针）起针

1{3
行

16
（55
行）

1{4
行

33.5
（114
行）

13
（44
行）

19.5｛21.5
（68 ｛74
行）｛行）

※ 除指定以外均用5号针编织
▨=XL号，无底纹处=L号或通用

编织花样A （基础）

□ = ▌

▨ = 左上滑针1针交叉

▨ = 右上滑针1针交叉

※编织方法请参照第83页

24 20 15 10 5 1

编织花样 A 的分散加针

↤①
↤44

↤40

↤35

↤30

↤25

↤20

↤15

↤10

↤⑤

↤①

⊞ = 右加针

⊟ = 左加针

※ 编织方法请参照第127页

□ = ▌

14 10 5 1

14针1个花样

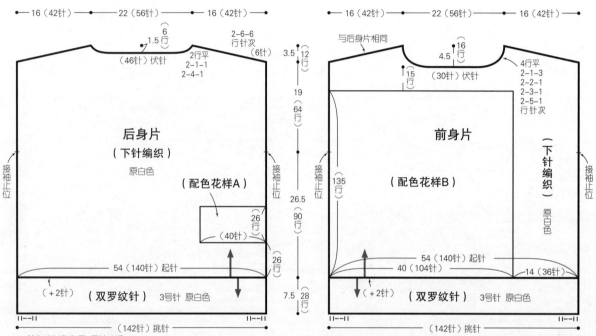

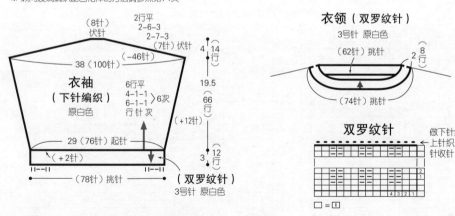

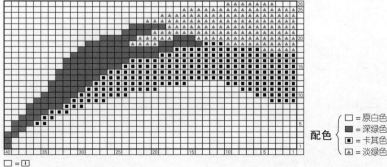

材料
芭贝 Cotton Kona、芭贝 Linen 100，毛线的色名、色号、用量及辅材等请参照下表

工具
棒针5号、3号

成品尺寸
胸围108cm，衣长56.5cm，连肩袖长53.5cm

编织密度
10cm×10cm面积内：下针编织、配色花样A、B均为26针，34行

编织要点
●身片、衣袖…另线锁针起针，后身片做下针编织和配色花样A，前身片做下针编织和

配色花样B，衣袖做下针编织。采用纵向渡线的方法编织配色花样。减2针及以上时做伏针减针（边针仅在第1次需要编织），减1针时立起侧边1针减针（即2针并1针）。加针时，在1针内侧编织扭针加针。前身片在指定位置缝上亮片。下摆、袖口解开另线锁针挑针，编织双罗纹针。编织终点做下针织下针、上针织上针的伏针收针。

●组合…肩部做引拔接合，衣袖和身片做针与行的接合，胁部和袖下做挑针缝合。衣领挑取指定数量的针目，环形编织双罗纹针，编织终点的处理方法和下摆相同。

※ 除指定以外均用5号针编织
※ 纵向渡线编织配色花样的方法请参照第74页

毛线的用量和辅材

线名	色名（色号）	用量	辅材
Cotton Kona	原白色（2）	390g/10团	直径6mm的龟甲形亮片 粉色/22片 黄色/14片
	深绿色（51）	各10g/各1团	
	淡绿色（81）		
	浅粉色（9）	各5g/各1团	
	金黄色（52）		
	玫粉色（56）		
	浅黄色（77）		
	深粉色（82）		
Linen 100	米色（902）	各5g/各1团	
	黄色（905）		
	卡其色（906）		
	红色（908）		

配色花样A

配色 {
□ = 原白色
■ = 深绿色
▣ = 卡其色
▲ = 淡绿色
}

□ = ①

配色花样B

材料
芭贝 Cotton Kona 原白色(2)230g/6团,
Cotton Kona Fine 原白色(302)155g/7团;
直径13mm 的纽扣6颗

工具
棒针5号,钩针5/0号、3/0号

成品尺寸
胸围95.5cm,衣长48.5cm,连肩袖长
52.5cm

编织密度
10cm×10cm面积内:编织花样A 24针,
33行
编织花样B 1个花样3cm,14行10cm

编织要点
●身片、衣袖…身片手指挂线起针,做编织
花样A。加针时,在1针内侧编织扭针加针。
领窝减2针及以上时做伏针减针,减1针时
立起侧边1针减针。衣袖锁针起针,做编织
花样B,用蒸汽熨斗熨烫定型后,接着做编
织花样C。
●组合…肩部做盖针接合,胁部做挑针缝
合。前门襟钩织短针。右前门襟开扣眼。下
摆将前后身片连在一起钩织边缘编织A。衣
领挑取指定数量的针目,钩织短针和编织花
样B。钩织指定数量的花朵花片,参照图示
固定在衣领周围。袖下钩织引拔针和锁针
接合,袖口环形做边缘编织B。钩织引拔针,
将衣袖和身片连在一起。缝上纽扣。

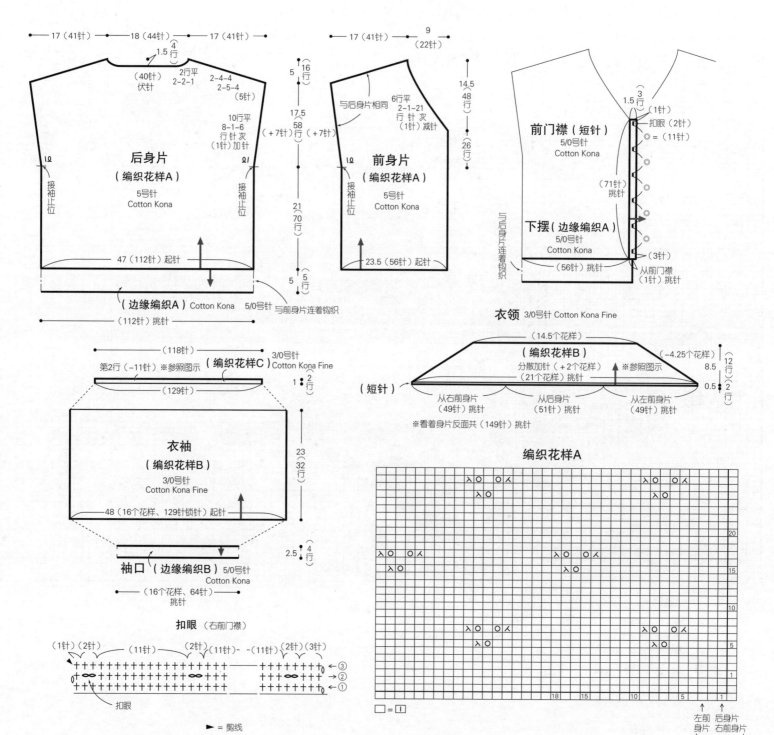

边缘编织A

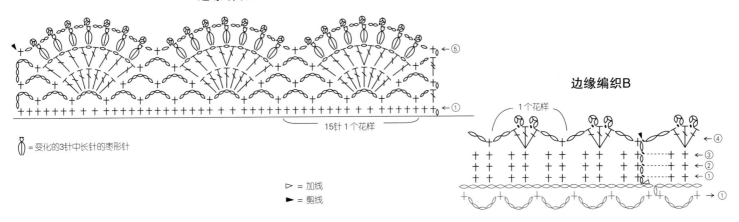

15针 1个花样

↑ = 变化的3针中长针的枣形针

▷ = 加线
► = 剪线

边缘编织B

1个花样

←④
←③
←②
←①
→①

衣领花片

3/0号针 19片
Cotton Kona Fine

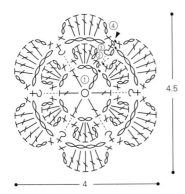

4.5

4

± = 短针的反拉针
挑起第1行长针的底部
※编织方法请参照第122页

编织花样B

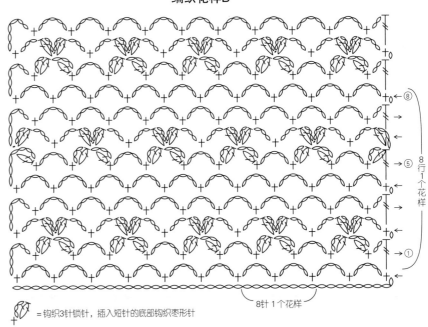

8行 1个花样

8针 1个花样

= 钩织3针锁针，插入短针的底部钩织枣形针

叶子A

3/0号针 10片
Cotton Kona Fine

→⑥
→⑤
←①

3.5

（10针）

4.5

± = 短针的条纹针

叶子B

3/0号针 14片
Cotton Kona Fine

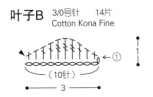

←①

（10针）

3

衣领装饰布局图

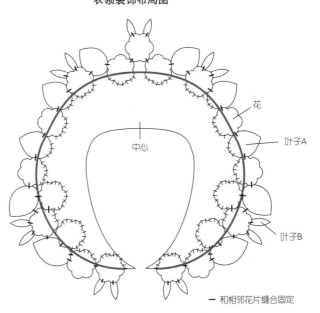

中心

花

叶子A

叶子B

— 和相邻花片缝合固定

119

编织花样C

衣领

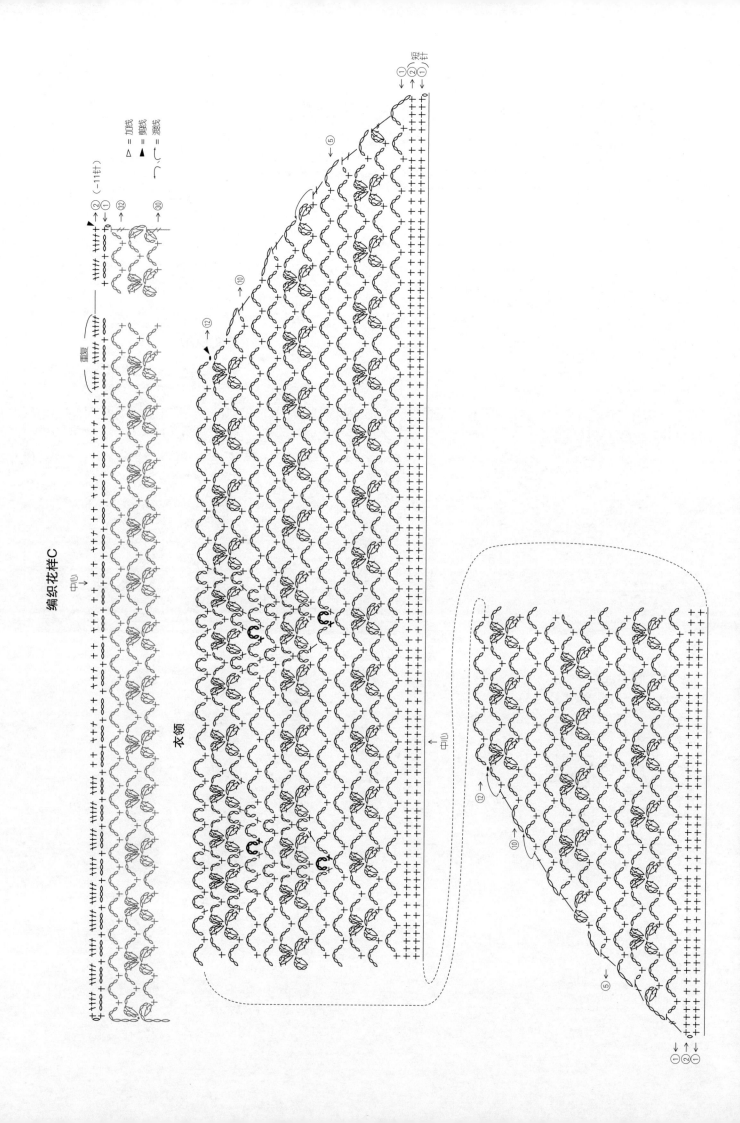

材料
奥林巴斯 Chapeautte,毛线的色名、色号和用量请参照下表

工具
钩针6/0号

成品尺寸
[手提包] 宽28cm,深22cm
[帽子] 头围56cm,深24cm

编织密度
10cm×10cm面积内:短针20针,20行;
编织花样18针,20行

编织要点
●手提包…底部锁针起针后,开始钩织短针。接着,侧面环形往返钩织短针,注意第2行的针法不同。包口钩织反短针。提手的钩织方法与底部一样,对齐相同标记做卷针接合。参照组合方法将提手缝在主体上。然后钩织花片,参照配置图将花片缝在主体上。

●帽子…环形起针后,按编织花样和短针钩织。参照图示加针。然后钩织花片,参照配置图将花片缝在主体上。

手提包

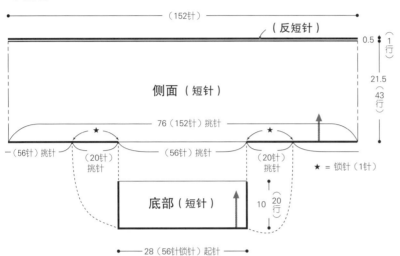

手提包的用线

色名(色号)	用量
米色(2)	175g/5团
原白色(1)	各25g/各1团
姜黄色(7)	
绿色(17)	20g/1团
褐色(3)	
红色(10)	各10g/各1团
浅粉色(19)	
粉红色(4)	
水蓝色(6)	5g/1团

※ 除指定以外均用米色线钩织
※ 全部使用6/0号针钩织

组合方法

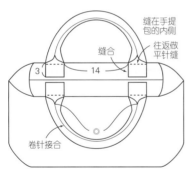

提手 2条

（短针）

※ 对齐相同标记（◎）做卷针接合

短针（提手）

► = 剪线

花片的配置图

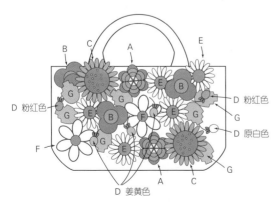

※D用线头、其他用手缝线分别缝在主体的正面

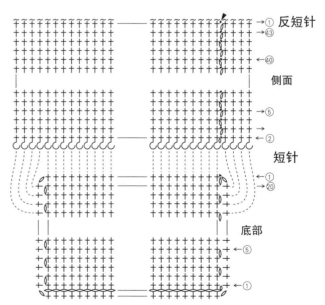

反短针
侧面
短针
底部

〒 = 反短针
〒 = 短针的反拉针
※ 钩织方法请参照第122页

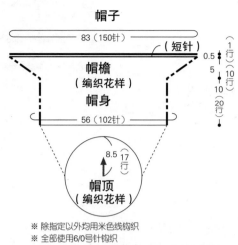

帽子

83（150针）

（短针）

帽檐（编织花样）

帽身

56（102针）

帽顶（编织花样）

8.5（17行）

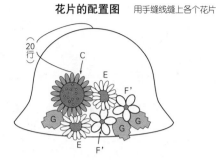

花片的配置图 用手缝线缝上各个花片

20行

C E F' G E F' G

帽子的用线

色名（色号）	用量
米色（2）	95g/3团
原白色（1）	各10g/各1团
姜黄色（7）	
褐色（3）	各5g/各1团
水蓝色（6）	
绿色（17）	

※ 除指定以外均用米色线钩织
※ 全部使用6/0号针钩织

► = 剪线

╈ = 在前2行的针目头部入针，包住前一行钩织

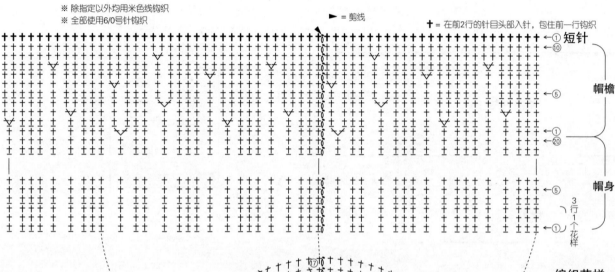

① 短针

帽檐

帽身

3行1个花样

编织花样

± = 短针的条纹针

帽檐的加针

行数	针数	
10行	150针	
9行	150针	（+6针）
8行	144针	（+6针）
7行	138针	（+6针）
6行	132针	（+6针）
5行	126针	
4行	126针	（+6针）
3行	120针	（+6针）
2行	114针	（+6针）
1行	108针	（+6针）

帽顶

帽顶的加针

行数	针数	
17行	102针	（+6针）
16行	96针	（+6针）
15行	90针	（+6针）
14行	84针	（+6针）
13行	78针	（+6针）
12行	72针	（+6针）
11行	66针	（+6针）
10行	60针	（+6针）
9行	54针	（+6针）
8行	48针	（+6针）
7行	42针	（+6针）
6行	36针	（+6针）
5行	30针	（+6针）
4行	24针	（+6针）
3行	18针	（+6针）
2行	12针	（+6针）
1行	6针	

短针的反拉针

（在前2行的短针上挑针钩织的情况）

±

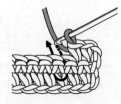

1 如箭头所示，从后面将钩针插入前2行的短针，将线拉出。

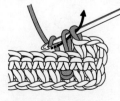

2 挂线，引拔穿过针上的2个线圈。

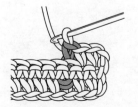

3 短针的反拉针完成。

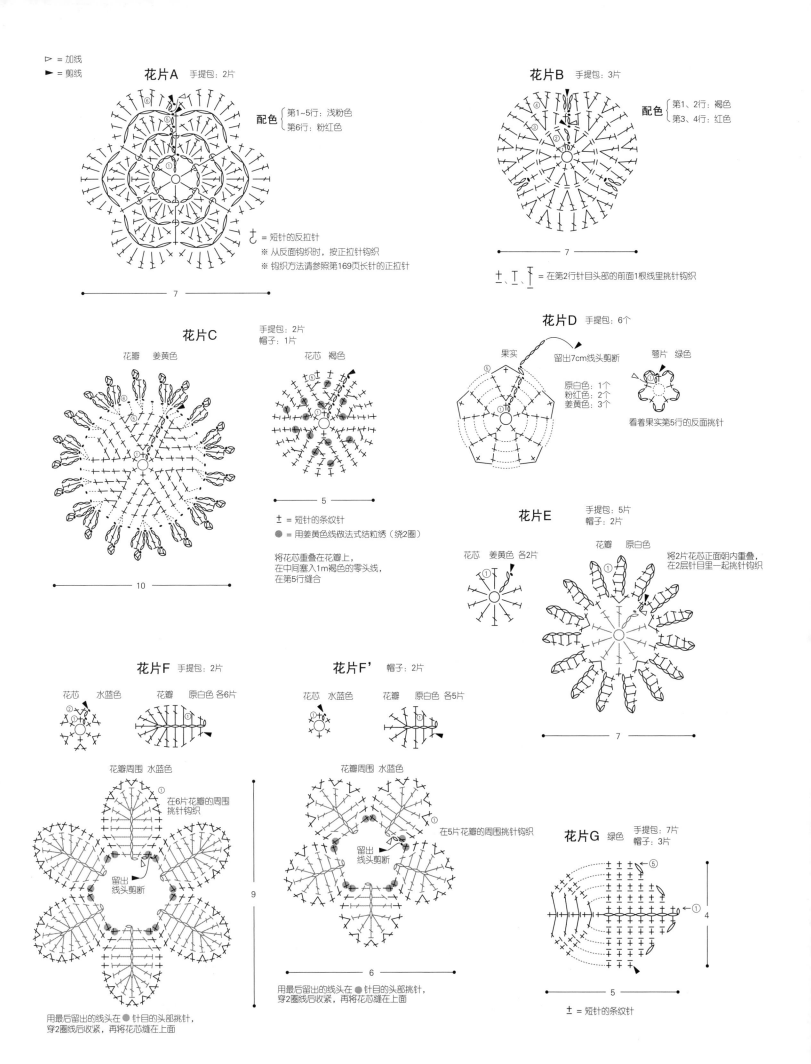

▷ = 加线
► = 剪线

花片A　手提包：2片

配色 { 第1~5行：浅粉色
       第6行：粉红色 }

ち = 短针的反拉针
※ 从反面钩织时，按正拉针钩织
※ 钩织方法请参照第169页长针的正拉针

7

花片B　手提包：3片

配色 { 第1、2行：褐色
       第3、4行：红色 }

7

士、工、キ = 在第2行针目头部的前面1根线里挑针钩织

花片C　手提包：2片　帽子：1片

花瓣　姜黄色
花芯　褐色

10

土 = 短针的条纹针
● = 用姜黄色线做法式结粒绣（绕2圈）

将花芯重叠在花瓣上，
在中间塞入1m褐色的零头线，
在第5行缝合

花片D　手提包：6个

果实
留出7cm线头剪断

萼片　绿色

原白色：1个
粉红色：2个
姜黄色：3个

看着果实第5行的反面挑针

花片E　手提包：5片　帽子：2片

花芯　姜黄色　各2片
花瓣　原白色

将2片花芯正面朝内重叠，
在2层针目里一起挑针钩织

7

花片F　手提包：2片

花芯　水蓝色
花瓣　原白色　各6片

花瓣周围　水蓝色

在6片花瓣的周围挑针钩织

留出线头剪断

9

用最后留出的线头在 ● 针目的头部挑针，
穿2圈线后收紧，再将花芯缝在上面

花片F'　帽子：2片

花芯　水蓝色
花瓣　原白色　各5片

花瓣周围　水蓝色

在5片花瓣的周围挑针钩织

留出线头剪断

6

用最后留出的线头在 ● 针目的头部挑针，
穿2圈线后收紧，再将花芯缝在上面

花片G　绿色　手提包：7片　帽子：3片

4

5

土 = 短针的条纹针

材料

Ski毛线 Ski Selene 褐色系混染（1223）245g/9团，Ski Washable UV黄绿色（5207）、浅褐色（5213）各95g/各4团

工具

钩针4/0号

成品尺寸

胸围104cm，肩宽39.5cm，衣长77.5cm

编织密度

花片的大小请参照图示

编织要点

●身片…钩织并连接花片。从第2片花片开始，在最后一行一边钩织一边与相邻花片做连接。

●组合…侧边和底边、领边按边缘编织A钩织，下摆按边缘编织B钩织。接着，胁部和袖窿按边缘编织B钩织，胁部参照图示将开衩止位以上部分在最后一行一边钩织一边做连接。衣领按边缘编织B环形钩织。

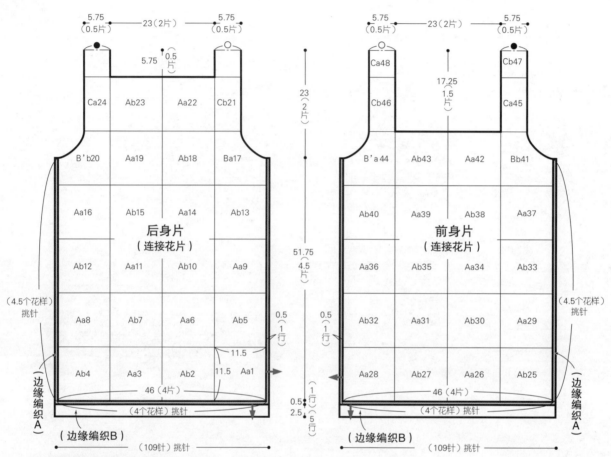

后身片（连接花片）

前身片（连接花片）

※ 全部使用4/0号针钩织
※ 除指定以外均用混染线钩织
※ 花片内的数字表示连接的顺序
※ 花片角部的连接方法请参照第87页

边缘编织A（侧边和底边、领边）

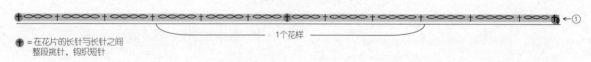

✛ = 在花片的长针与长针之间整段挑针，钩织短针

边缘编织B（下摆、胁部和袖窿）

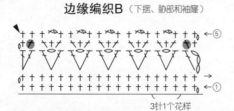

✛ = 在前一行的长针与长针之间整段挑针，钩织短针

✕✛ = 钩1针锁针，接着在短针头部的前面半针与根部的1根线里挑针钩织短针

► = 剪线

边缘编织B（衣领）

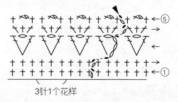

✕✛ = 钩1针锁针，接着在短针头部的前面半针与根部的1根线里挑针钩织短针

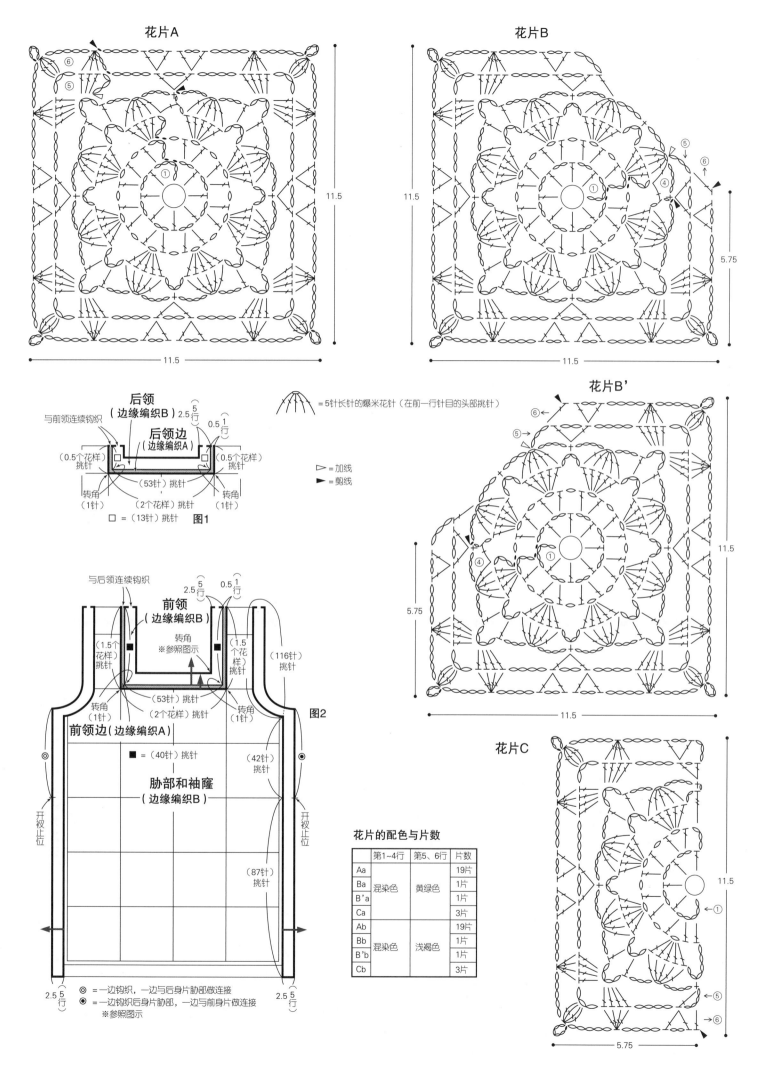

花片A

花片B

花片B'

花片C

后领
（边缘编织B）2.5 ⑤ 行
后领边
（边缘编织A）
与前领连续钩织
（0.5个花样）挑针
（0.5个花样）挑针
0.5 ① 行
（53针）挑针
转角（1针）
转角（1针）
（2个花样）挑针
□＝（13针）挑针
图1

＝5针长针的爆米花针（在前一行针目的头部挑针）

▷＝加线
►＝剪线

与后领连续钩织
前领
（边缘编织B）
2.5 ⑤ 行
0.5 ① 行
（1.5个花样）挑针
转角※参照图示
（1.5个花样）挑针
（116针）挑针
转角（1针）
（53针）挑针
转角（1针）
（2个花样）挑针
前领边（边缘编织A）
■＝（40针）挑针
（42针）挑针
胁部和袖窿
（边缘编织B）
（87针）挑针
开衩止位
开衩止位
图2

2.5 ⑤ 行
2.5 ⑤ 行
◎＝一边钩织，一边与后身片胁部做连接
●＝一边钩织后身片胁部，一边与前身片做连接
※参照图示

花片的配色与片数

	第1~4行	第5、6行	片数
Aa		黄绿色	19片
Ba	混染色	黄绿色	1片
B'a		黄绿色	1片
Ca		黄绿色	3片
Ab		浅褐色	19片
Bb	混染色	浅褐色	1片
B'b		浅褐色	1片
Cb		浅褐色	3片

花片的连接方法

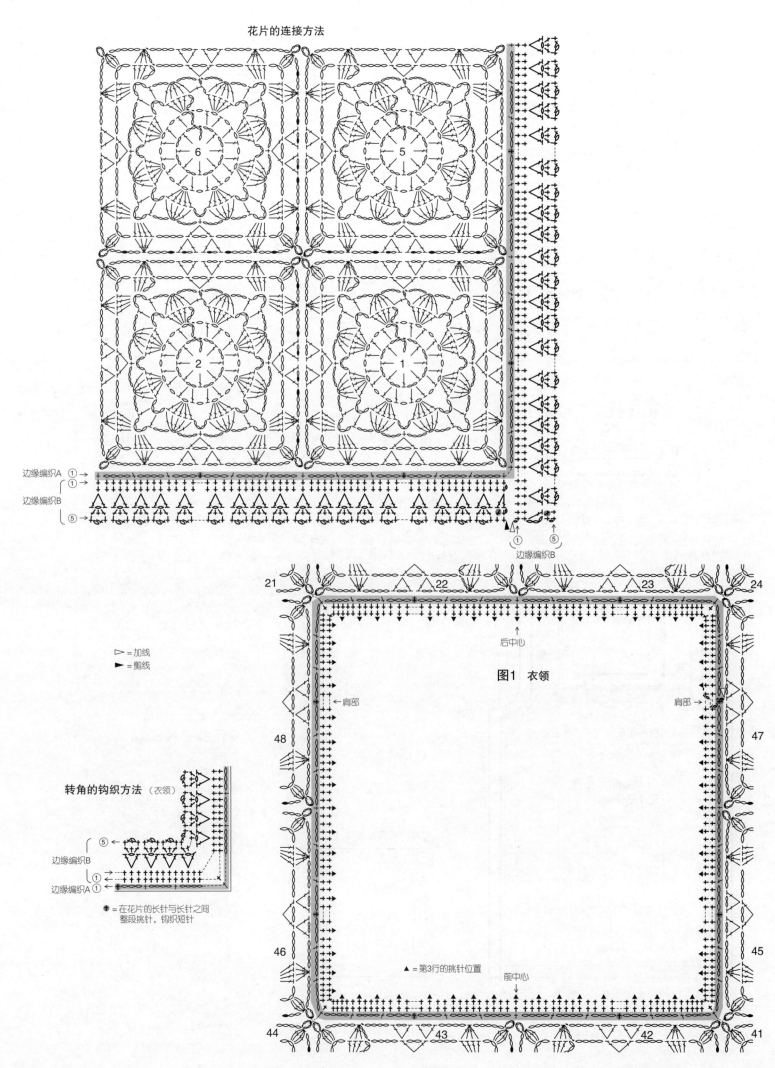

边缘编织A ①→
①→
边缘编织B
⑤→

边缘编织B

▷ = 加线
► = 剪线

图1 衣领

转角的钩织方法（衣领）

边缘编织B ⑤←
①←
边缘编织A ①←

⊕ = 在花片的长针与长针之间
整段挑针，钩织短针

21 22 23 24

后中心

←肩部   肩部→

48 47

▲ = 第3行的挑针位置

前中心

46 45

44 43 42 41

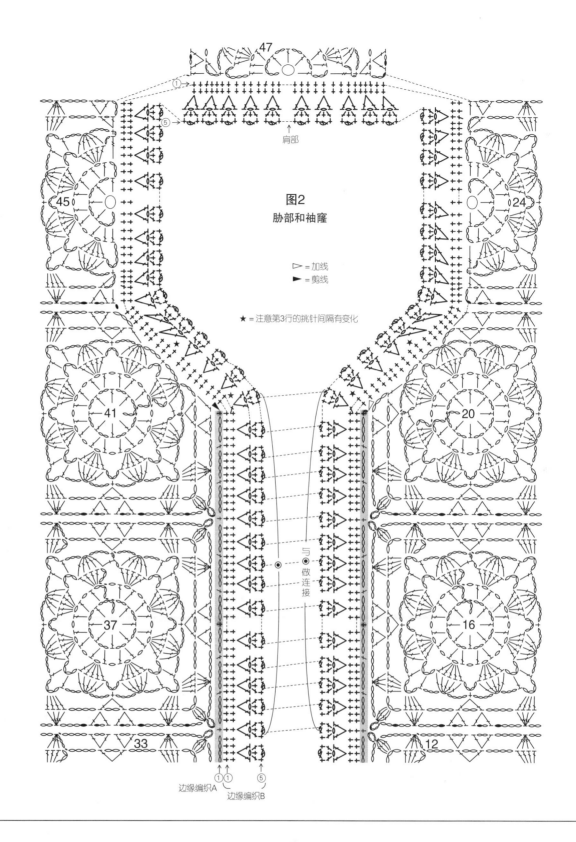

图2
胁部和袖隆

47

45   24

41   20

37   16

33   12

肩部

▷ = 加线
► = 剪线

★ = 注意第3行的挑针间隔有变化

与 ● 做连接

边缘编织A
边缘编织B

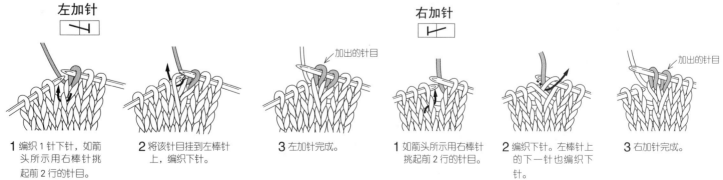

左加针

右加针

加出的针目

加出的针目

1 编织1针下针，如箭头所示用右棒针挑起前2行的针目。

2 将该针目挂到左棒针上，编织下针。

3 左加针完成。

1 如箭头所示右棒针挑起前2行的针目。

2 编织下针。左棒针上的下一针也编织下针。

3 右加针完成。

材料

Ski毛线 Ski Washable UV 米色（5203）165g/6团，水蓝色（5206）60g/2团，粉红色（5212）35g/2团，浅褐色（5213）、橄榄绿色（5214）各20g/各1团

工具

棒针6号、4号

成品尺寸

胸围94cm，肩宽38cm，衣长58cm

编织密度

10cm×10cm面积内：配色花样A、B、C均为25.5针，27行

编织要点

●身片…手指挂线起针，将前后身片连起来环形编织。按单罗纹针条纹A和配色花样A、B、C编织，注意从袖隆开始分成前、后身片做往返编织。配色花样用横向渡线的方法编织。减2针及以上时做伏针减针，减1针时立起侧边1针减针。

●组合…肩部做盖针接合。衣领、袖隆挑取指定数量的针目后，环形编织单罗纹针条纹B，编织终点做下针织下针、上针织上针的伏针收针。

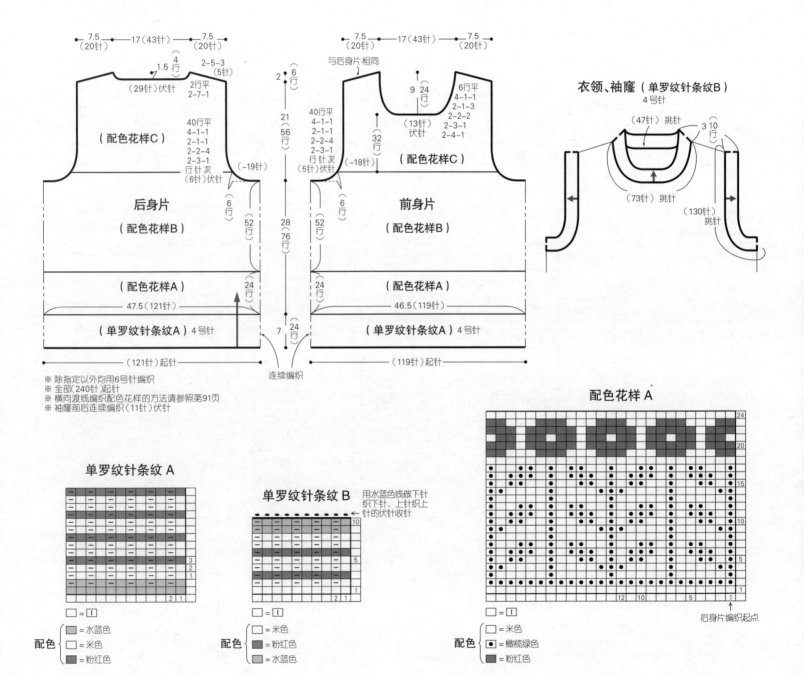

※ 除指定以外均用6号针编织
※ 全部（240针）起针
※ 横向渡线编织配色花样的方法请参照第91页
※ 袖隆前后连续编织（11针）伏针

单罗纹针条纹 A

□=Ⅰ

配色 { = 水蓝色 / = 米色 / = 粉红色 }

单罗纹针条纹 B

用水蓝色线做下针织下针、上针织上针的伏针收针

□=Ⅰ

配色 { = 米色 / = 粉红色 / = 水蓝色 }

配色花样 A

□=Ⅰ

配色 { = 米色 / ● = 橄榄绿色 / = 粉红色 }

后身片编织起点

衣领、袖隆（单罗纹针条纹B） 4号针

配色花样B、C与袖窿的减针

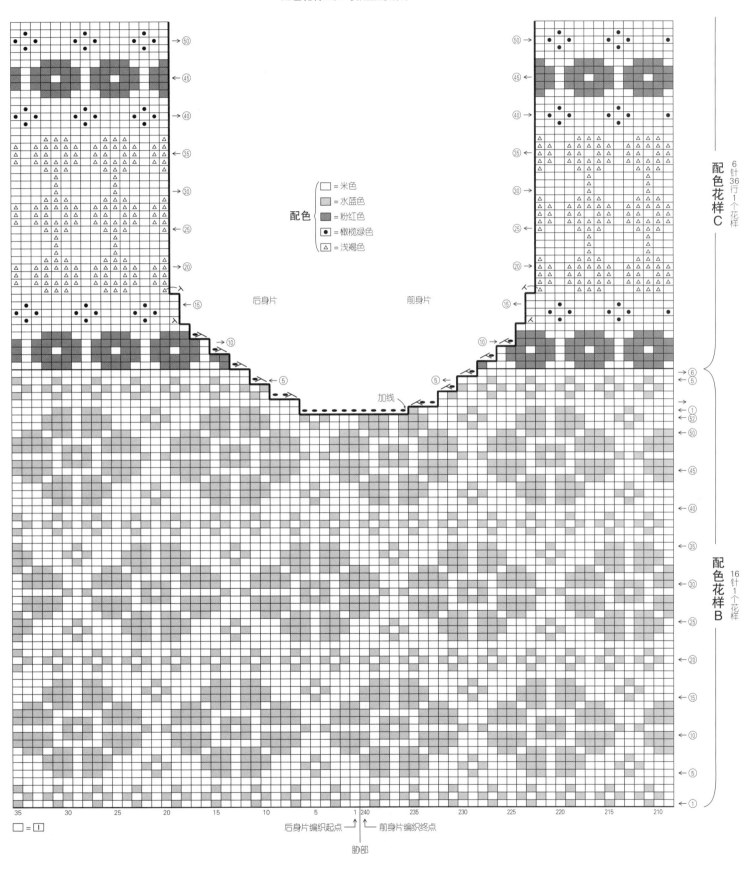

配色
- □ = 米色
- ▨ = 水蓝色
- ▨ = 粉红色
- ⊡ = 橄榄绿色
- ⊿ = 浅褐色

后身片　　前身片

加线

后身片编织起点　前身片编织终点

胁部

□ = □

配色花样C　6针36行1个花样

配色花样B　16针1个花样

材料
奥林巴斯 Chapeautte 沙米色（23）、橄榄绿色（24）各90g/各3团，黄绿色系段染（52）25g/1团，姜黄色（7）20g/1团；直径23mm的纽扣1颗

工具
钩针5/0号、6/0号、7/0号

成品尺寸
宽36cm，深24cm

编织密度
花片的大小请参照图示

编织要点
●底部锁针起针后，开始环形钩织短针。侧面钩织并连接花片。先钩织至第4行，用蒸汽熨斗熨烫整理后再接着钩织。花片的最后一行用指定针号钩织。从第2片花片开始，在最后一行一边钩织一边与相邻花片做连接。侧面的上端按边缘编织A钩织，下端按边缘编织B钩织。边缘编织B的第3行与底部正面朝外重叠针目一起挑针钩织。提手、扣带参照图示钩织短针，缝在指定位置。最后缝上纽扣。

手提包

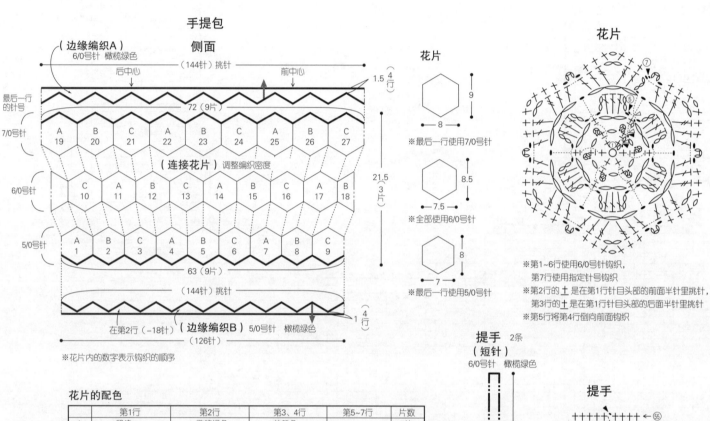

花片

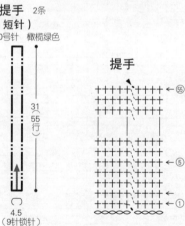

※第1~6行使用6/0号针钩织，第7行使用指定针号钩织
※第2行的 土 是在第1行针目头部的前面半针里挑针，第3行的 土 是在第1行针目头部的后面半针里挑针
※第5行将第4行倒向前面钩织

花片的配色

	第1行	第2行	第3、4行	第5~7行	片数
A	段染	橄榄绿色	橄榄绿色	沙米色	9片
B	姜黄色	段染	橄榄绿色	沙米色	9片
C	橄榄绿色	姜黄色	段染	沙米色	9片

底部（短针） 5/0号针 橄榄绿色

底部

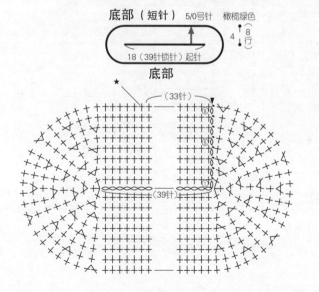

▷ = 加线
► = 剪线

提手 2条（短针）
6/0号针 橄榄绿色

提手

底部的加针

行数	针数	
8行	126针	（+6针）
7行	120针	（+6针）
6行	114针	（+6针）
5行	108针	（+6针）
4行	102针	（+6针）
3行	96针	（+6针）
2行	90针	（+6针）
1行	84针	

扣带（短针）
6/0号针 橄榄绿色

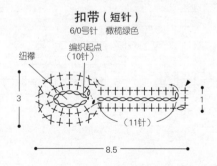

花片的连接方法

▷ = 加线
► = 剪线

边缘编织A

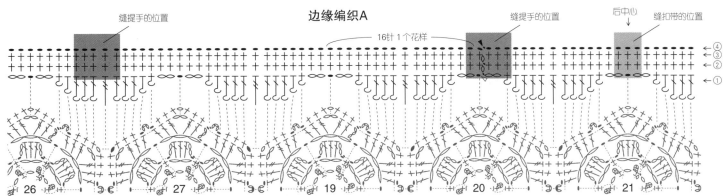

缝提手的位置
缝提手的位置
后中心
缝扣带的位置
16针 1 个花样
←④
←③
←②
←①

边缘编织B

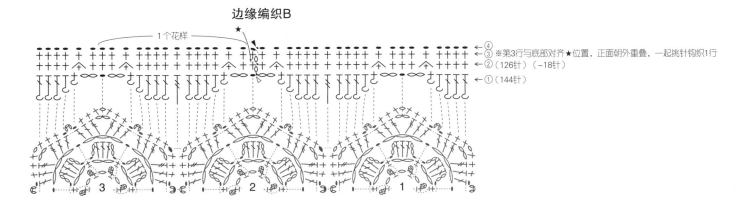

1 个花样
★
←④
←③ ※第3行与底部对齐★位置，正面朝外重叠，一起挑针钩织1行
←②（126针）（−18针）
←①（144针）

✚ =短针的反拉针　※钩织方法请参照第122页

Ɪ = 中长针的反拉针

Ⱦ = 长针的反拉针

※边缘编织A、B第1行的引拔针将花片的第7行倒向前面，在第6行的锁针上整段挑针钩织
※边缘编织A、B第1行的 Ɪ 在花片第7行引拔针根部的反面2根线里挑针钩织

组合方法

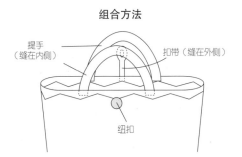

提手
（缝在内侧）
扣带（缝在外侧）
纽扣

材料
Hobbyra Hobbyre Wool Shape 白色(01)
120g/3团，黄绿色(06)80g/2团，浅黄色(02)、粉红色(03)、浅紫色(04)、水蓝色(05)各40g/各1团

工具
钩针3/0号

成品尺寸
长86.5cm，宽68cm

编织密度
条纹花样A、B、B'均为35针10cm；A 7行4cm，B、B' 7行6cm

编织要点
●用黄绿色线锁针起针后，按条纹花样A、B、B'钩织。参照图示环形钩织边缘，注意第1行的针法有变化。

盖毯

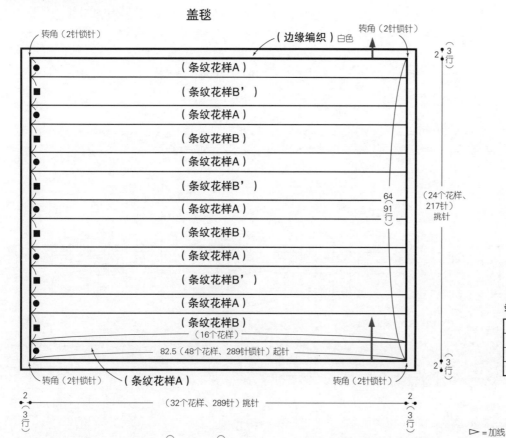

转角（2针锁针）　（边缘编织）白色　转角（2针锁针）

| （条纹花样A） |
| （条纹花样B'） |
| （条纹花样A） |
| （条纹花样B） |
| （条纹花样A） |
| （条纹花样B'） |
| （条纹花样A） |
| （条纹花样B） |
| （条纹花样A） |
| （条纹花样B'） |
| （条纹花样A） |
| （条纹花样B） |

（16个花样）
64（91行）
（24个花样、217针）挑针
2（3行）

82.5（48个花样、289针锁针）起针
转角（2针锁针）　（条纹花样A）　转角（2针锁针）
（32个花样、289针）挑针
2（3行）　2（3行）

※ 全部使用3/0号针钩织　● = 4(7行)　■ = 6(7行)

▷ = 加线
► = 剪线

条纹花样的配色

	第1行	第2行	第3行	第4行	第5行	第6行	第7行
A	黄绿色	粉红色	白色		黄绿色		浅紫色
B		白色		水蓝色		白色	
B'		白色		浅黄色		白色	

条纹花样B、B'

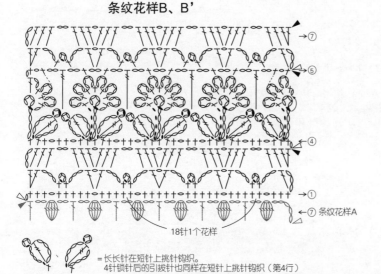

→⑦
⑤
④
①
条纹花样A
18针1个花样

= 长长针在短针上挑针钩织。
4针锁针后的引拔针也同样在短针上挑针钩织（第4行）

+ = 按狗牙拉针的要领，在短针头部的前面半针和根部的1根线里插入钩针引拔（第4行）

※第5行的长长针在连接狗牙针的引拔针里挑针钩织

条纹花样A

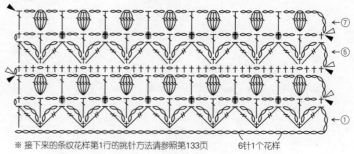

←⑦
⑤
①

※ 接下来的条纹花样第1行的挑针方法请参照第133页
6针1个花样

+ = 在前一行2针长长针并1针下方的空隙里整段挑针，钩织短针

= 5针长针的爆米花针
※ 钩织方法请参照第142页

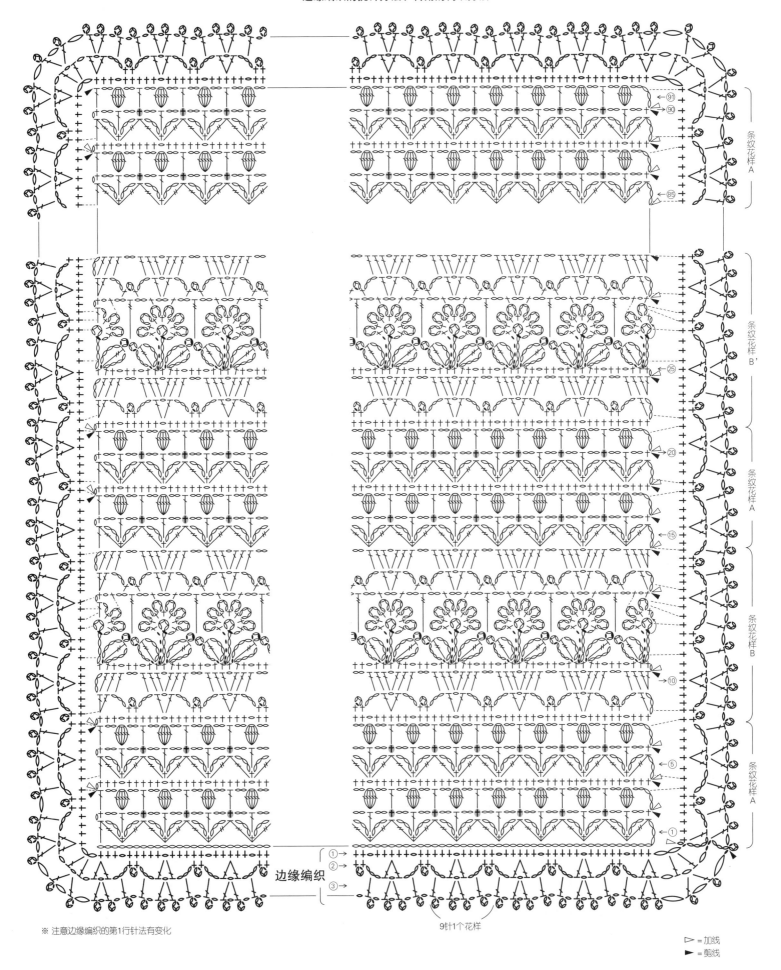

条纹花样A

条纹花样B'

条纹花样A

条纹花样B

条纹花样A

←91
←90

←85

←25

←20

←15

←10

←5

←1

①→
②→
③→

边缘编织

9针1个花样

※ 注意边缘编织的第1行针法有变化

▷ = 加线
► = 剪线

材料

Hobbyra Hobbyre Cotton Feel Fine 黄绿色(05)、水蓝色(07) 各75g/各3团，白色(01)、原白色(15)、灰色(21)、米色(33)、黄色(34)、粉红色(35) 各50g/各2团

工具

钩针4/0号

成品尺寸

长110cm，宽87cm

编织密度

花片的大小请参照图示

编织要点

●钩织并连接花片，配色参照下表。从第2片花片开始，在最后一行一边钩织一边与相邻花片做引拔连接。接着在周围环形钩织条纹边缘，注意第3行的针法有变化，请参照图示钩织。

盖巾（连接花片）

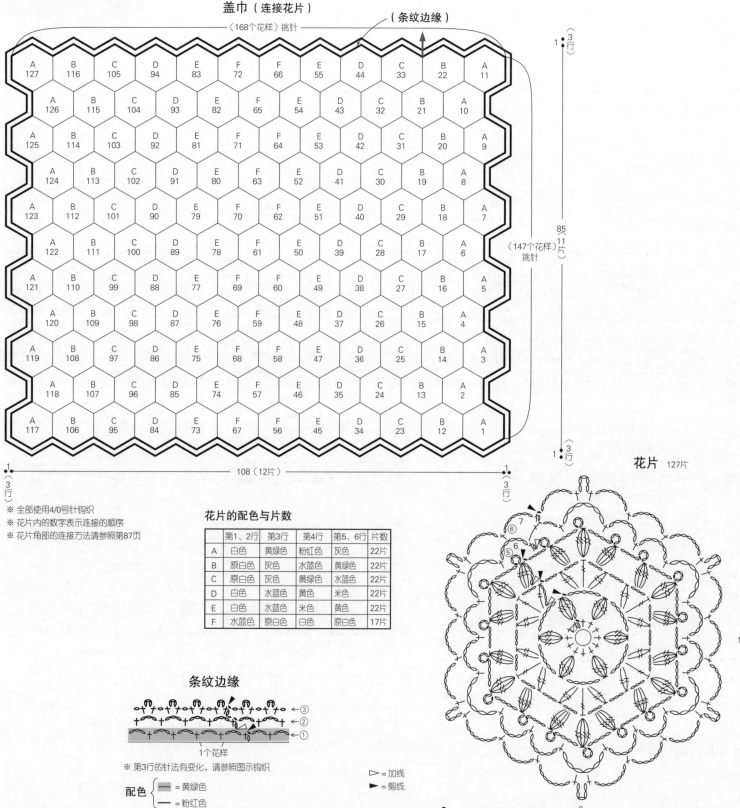

（条纹边缘）

（168个花样）挑针

A 127	B 116	C 105	D 94	E 83	F 72	F 66	E 55	D 44	C 33	B 22	A 11
A 126	B 115	C 104	D 93	E 82	F 65	E 54	D 43	C 32	B 21	A 10
A 125	B 114	C 103	D 92	E 81	F 71	F 64	E 53	D 42	C 31	B 20	A 9
A 124	B 113	C 102	D 91	E 80	F 63	E 52	D 41	C 30	B 19	A 8
A 123	B 112	C 101	D 90	E 79	F 70	F 62	E 51	D 40	C 29	B 18	A 7
A 122	B 111	C 100	D 89	E 78	F 61	E 50	D 39	C 28	B 17	A 6
A 121	B 110	C 99	D 88	E 77	F 69	F 60	E 49	D 38	C 27	B 16	A 5
A 120	B 109	C 98	D 87	E 76	F 59	E 48	D 37	C 26	B 15	A 4
A 119	B 108	C 97	D 86	E 75	F 68	F 58	E 47	D 36	C 25	B 14	A 3
A 118	B 107	C 96	D 85	E 74	F 57	E 46	D 35	C 24	B 13	A 2
A 117	B 106	C 95	D 84	E 73	F 67	F 56	E 45	D 34	C 23	B 12	A 1

85（11片）

（147个花样）挑针

1 ● 3 行

1 ● 3 行

108（12片）

1（3行）

1（3行）

※ 全部使用4/0号针钩织
※ 花片内的数字表示连接的顺序
※ 花片角部的连接方法请参照第87页

花片的配色与片数

	第1、2行	第3行	第4行	第5、6行	片数
A	白色	黄绿色	粉红色	灰色	22片
B	原白色	灰色	水蓝色	黄绿色	22片
C	原白色	灰色	黄绿色	水蓝色	22片
D	白色	水蓝色	黄色	米色	22片
E	白色	水蓝色	米色	黄色	22片
F	水蓝色	原白色	白色	原白色	17片

花片 127片

条纹边缘

←③
←②
←①

1个花样

※ 第3行的针法有变化，请参照图示钩织

配色{ ▬ = 黄绿色 ─ = 粉红色 }

▷ = 加线
► = 剪线

10

9

花片的连接方法

条纹边缘
① ② ③

33 22 11

25 14 3

13 2

23 12 1

▷ = 加线
► = 剪线

135

材料
GUSTO WOOL Nokta 奶油色系(01202)
65g/1桄

工具
棒针1号

成品尺寸
袜底长22cm，袜筒高20cm

编织密度
10cm×10cm面积内：下针编织30针，42行

编织要点
● 8字形起针后，从袜头开始环形编织下针。将袜面的30针休针，一边做W&T(绕线和翻面)一边往返编织袜跟。袜跟完成后，从休针的袜面上挑针，接着按下针编织和单罗纹针环形编织袜筒。编织终点做单罗纹针收针。

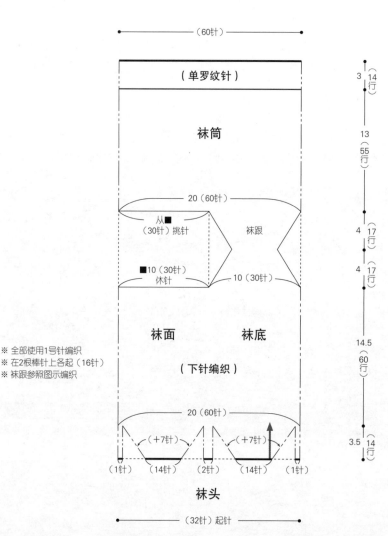

（60针）

（单罗纹针）

3 14行

袜筒

13 55行

20（60针）

从■（30针）挑针 | 袜跟

4 17行

■10（30针）休针 | 10（30针）

4 17行

袜面 | 袜底

14.5 60行

（下针编织）

※ 全部使用1号针编织
※ 在2根棒针上各起（16针）
※ 袜跟参照图示编织

20（60针）

（+7针） | （+7针）

3.5 14行

（1针）（14针）（2针）（14针）（1针）

袜头

（32针）起针

8字形起针

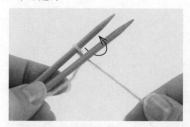

1 将环形针的两端并在一起拿好，打结制作线环后穿在上侧的棒针上，拉动线头收紧线环。如箭头所示将线绕在棒针上。

2 从2根棒针之间穿过，再从上侧棒针的后面往前呈8字形绕线。

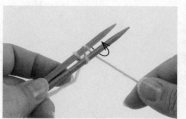

3 从2根棒针之间穿过，再从下侧棒针的后面往前绕线。

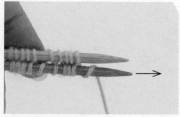

4 重复步骤2、3，在2根棒针上绕好所需数量的针目。最后按住线抽出下侧的棒针，注意不要弄散线圈。

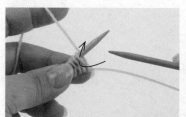

5 在左棒针上的针目里入针。

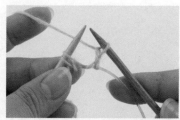

6 编织下针。继续在左棒针上剩下的针目里编织下针。

7 翻转织物，将针绳上的针目移至左棒针上，在这些针目里编织下针。

8 第1行完成后的状态。

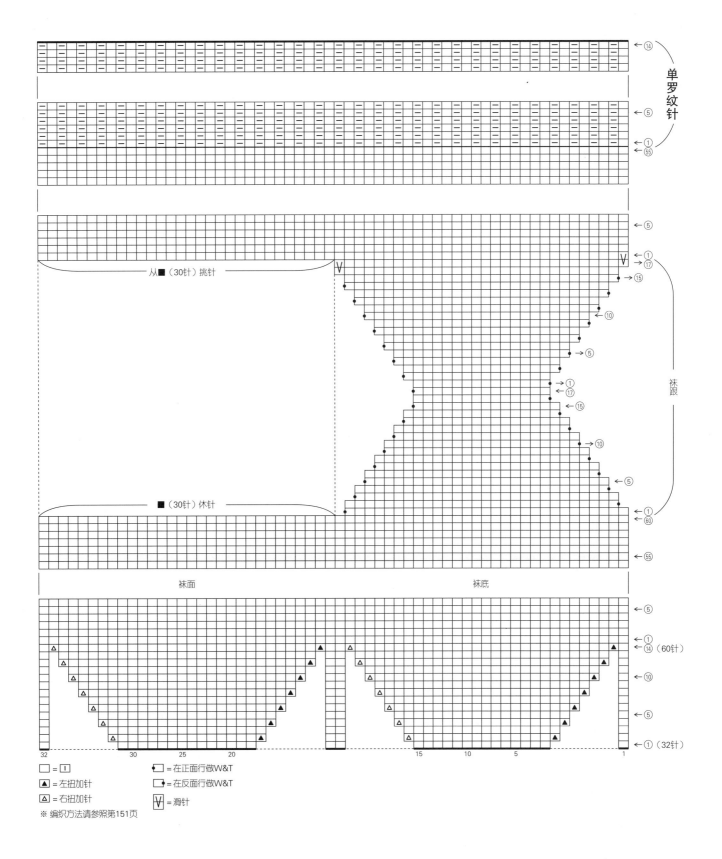

単罗纹针

袜跟

从■（30针）挑针

■（30针）休针

袜面　　　　　　　　　　　　　　　袜底

← ⑤
← ①
← ⑭（60针）
← ⑩
← ⑤
← ①（32针）

32　　　　30　　　25　　　20　　　　　　　15　　10　　　5　　　1

□ = □

▲ = 左扭加针

△ = 右扭加针

◖ = 在正面行做W&T

◗ = 在反面行做W&T

Ⅴ = 滑针

※ 编织方法请参照第151页

材料
AMANO CHASKI 黄绿色（1714）90g/1桄
工具
棒针1号
成品尺寸
袜底长21cm，袜筒高23cm
编织密度
10cm×10cm面积内：编织花样A、下针编
织均为34针，44行

编织要点
●手指挂线起针后，按双罗纹针和编织花样
A环形编织。编织指定行数后，参照图示往
返编织袜跟。接着从袜跟和袜面的休针处
挑针，按下针编织和编织花样A环形编织。
袜头的减针参照图示。编织终点休针，然后
做下针无缝缝合。

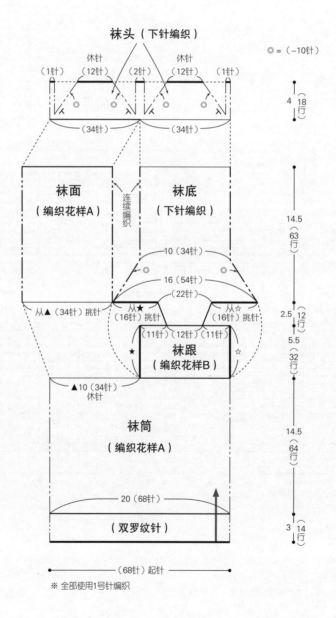

袜头（下针编织）

◎ =（−10针）

休针（12针）　（2针）　休针（12针）

（1针）　　　　　　　　　　　　（1针）

4（18行）

（34针）　（34针）

袜面（编织花样A）　　连续编织　　袜底（下针编织）

14.5（63行）

10（34针）

16（54针）

（22针）

从▲（34针）挑针　从★（16针）挑针　从☆（16针）挑针

2.5（12行）

（11针）（12针）（11针）

★　袜跟（编织花样B）　☆

5.5（32行）

▲10（34针）休针

袜筒（编织花样A）

14.5（64行）

20（68针）

（双罗纹针）

3（14行）

（68针）起针

※ 全部使用1号针编织

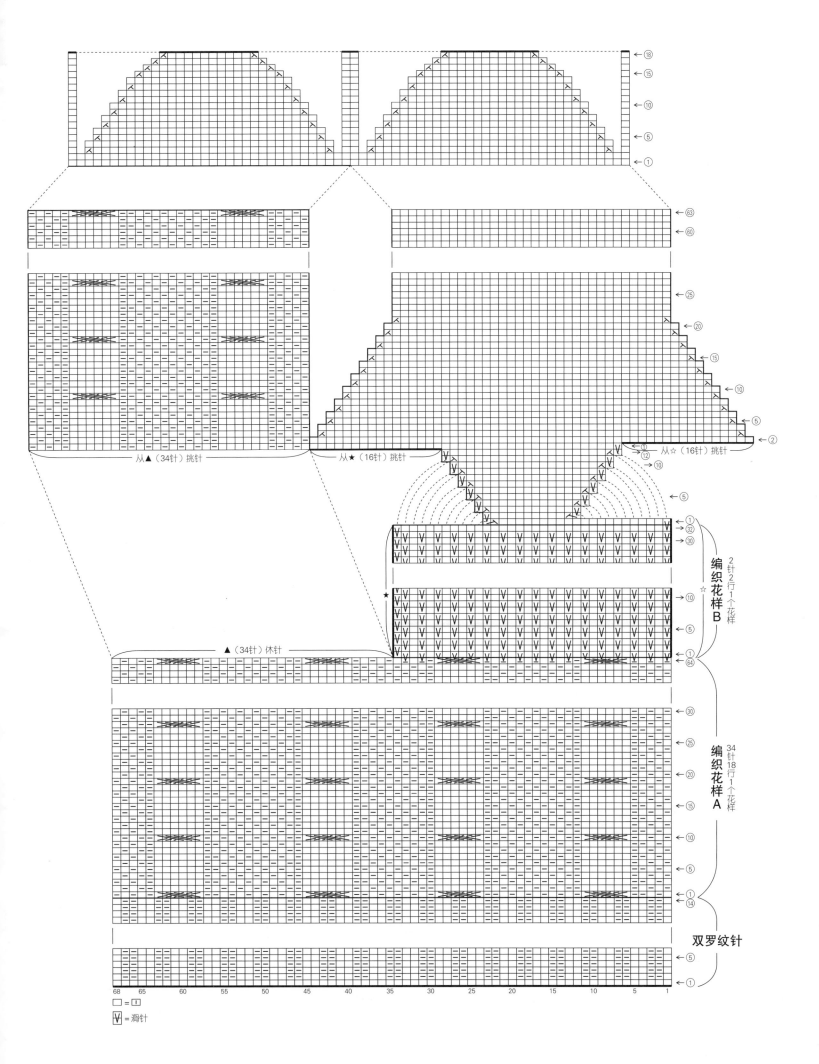

编织花样B
2针2行1个花样 ☆

编织花样A
34针18行1个花样

双罗纹针

从▲（34针）挑针
从★（16针）挑针
从☆（16针）挑针
▲（34针）休针

□ = □

V = 滑针

材料
达摩手编线 iroiro、蕾丝线 #40 紫野，毛线
的色名、色号、用量及辅材请参照下表
工具
钩针 4/0 号，蕾丝针 4 号

成品尺寸
参照图示
编织要点
●参照图示钩织各部件。参照组合方法进行
组合。

男人偶、女人偶的用线及辅材

	线名	色名（色号）	用量	辅材
男人偶	iroiro	薄荷蓝色（21）	14g / 1团	和麻纳卡 编织玩偶直插式眼睛 2颗
		夜空蓝色（17）	6g / 1团	黑色（H221-305-1）
		米白色（1）	4g / 1团	填充棉 适量
		蜜黄色（3）	1g / 1团	直径4.5cm的圆形厚纸
		奶酪色（33）	1g / 1团	
		黑色（47）	少量 / 1团	
	蕾丝线 #40紫野	象牙白色（3）	少量 / 1团	
女人偶	iroiro	豌豆粉色（41）	14g / 1团	和麻纳卡 编织玩偶直插式眼睛 2颗
		紫色（46）	6g / 1团	黑色（H221-305-1）
		米白色（1）	4g / 1团	大号串珠（金色）11颗
		奶酪色（33）	1g / 1团	填充棉 适量
		蜜黄色（3）	少量 / 1团	直径4.5cm的圆形厚纸
	蕾丝线 #40紫野	酸橙绿色（9）	少量 / 1团	
		象牙白色（3）	少量 / 1团	

▷ = 加线
► = 剪线
※ 除指定以外均用4/0号针钩织

头部、身体

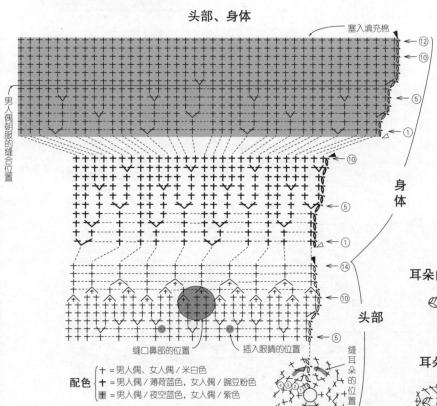

塞入填充棉

身体

头部

男人偶朝服的缝合位置

缝口鼻部的位置
插入眼睛的位置
缝耳朵的位置
缝头冠的位置（女人偶）

配色
+ ＝男人偶、女人偶 / 米白色
+ ＝男人偶 / 薄荷蓝色，女人偶 / 豌豆粉色
田 ＝男人偶 / 夜空蓝色，女人偶 / 紫色

底部
男人偶 / 夜空蓝色，女人偶 / 紫色 各1片

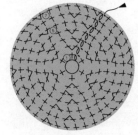

底部的加针

行数	针数	
7行	42针	（+6针）
6行	36针	（+6针）
5行	30针	（+6针）
4行	24针	（+6针）
3行	18针	（+6针）
2行	12针	（+6针）
1行	6针	

※留出长一点的线头剪断，塞入厚纸，
与身体做全针的卷针接合

耳朵内层 蜜黄色 各2片

锁针（7针）起针

耳朵 米白色 各2片

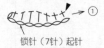

※钩织第2行时，将耳朵内层重叠在耳朵的
第1行上，在2层针目里一起挑针钩织
※耳朵内层正面朝上重叠

衣领 各1片

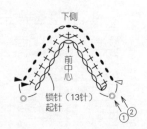

下侧
前中心
锁针（13针）起针

配色
+ ＝男人偶、女人偶 / 奶酪色
+○ ＝男人偶 / 夜空蓝色，女人偶 / 紫色
● ＝在前一行短针头部的后面1根线里挑针，
钩织引拔针

※将衣领绕在颈部后，对齐标记◎用同色
线缝合

口鼻部 米白色 各1片

用1根蜜黄色线做直线绣

男人偶的朝服 薄荷蓝色 前、后各1片

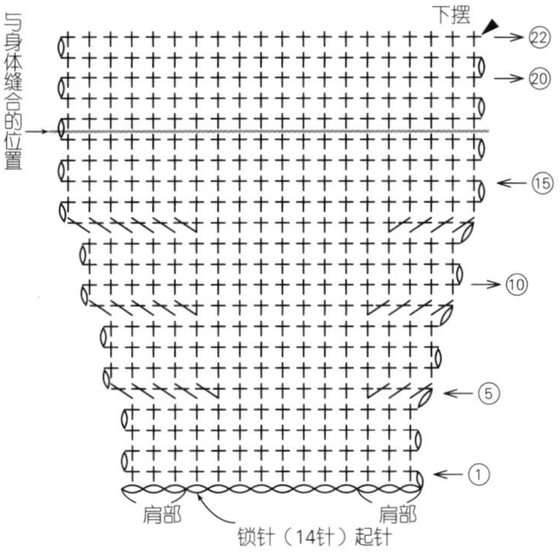

下摆 ← 22
← 20
← 15
→ 10
← 5
→ 1

与身体缝合的位置

肩部　锁针（14针）起针　肩部

女人偶的礼服 豌豆粉色

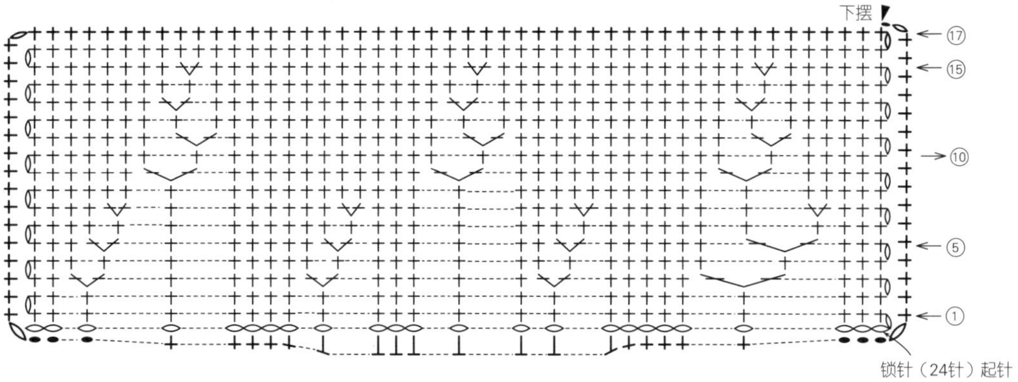

下摆 ← 17
← 15
→ 10
← 5
← 1

锁针（24针）起针

衣袖的装饰花片 4号蕾丝针

象牙白色　各2片

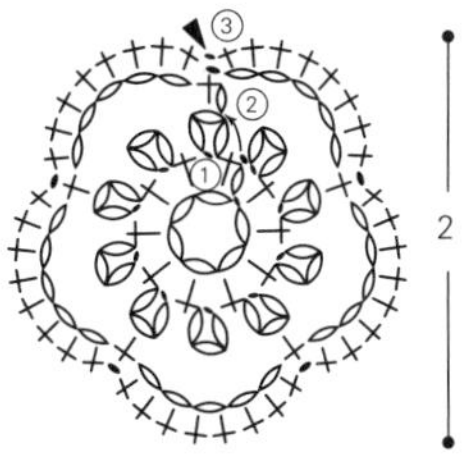

2

衣袖 各2片

→ 13
→ 10
→ 5
→ 1
→ 1

袖下　锁针（25针）起针　袖尖

扇子 （女人偶）

4号蕾丝针 酸橙绿色

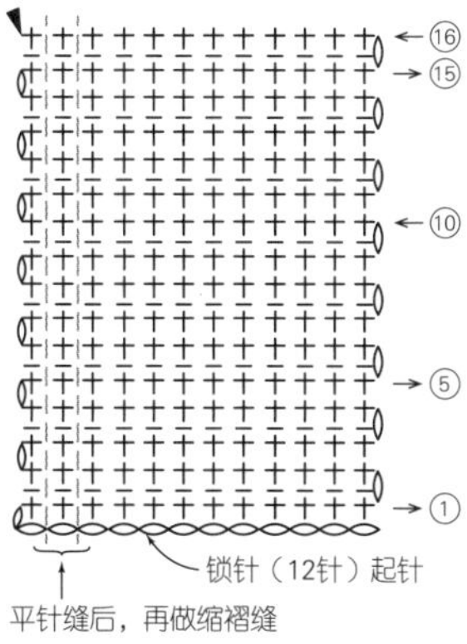

← 16
← 15
→ 10
→ 5
→ 1

锁针（12针）起针

平针缝后，再做缩褶缝

┴ =短针的棱针

乌帽子 （男人偶）黑色

┴ =短针的条纹针

缝合

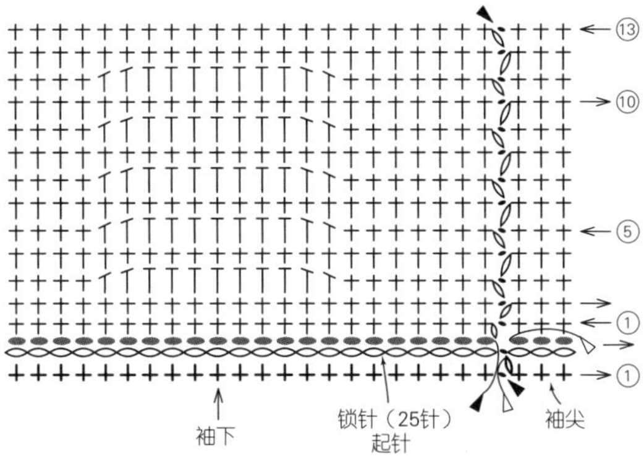

配色 {
— = 男人偶/薄荷蓝色，女人偶/豌豆粉色
— = 男人偶、女人偶/奶酪色
● = 男人偶/夜空蓝色，女人偶/紫色 事后钩织引拔针
}

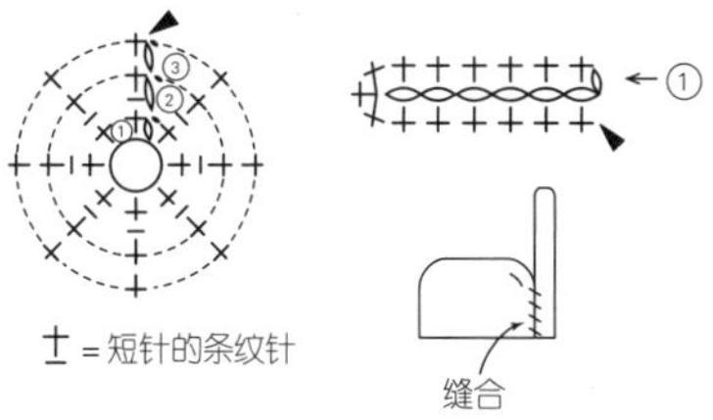

▷ = 加线
▶ = 剪线

笏板 （男人偶）蜜黄色 2片

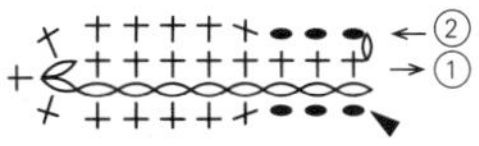

→ ②
→ ①

※将2片正面朝外对齐，
在周围做全针的卷针接合

男人偶、女人偶的组合方法

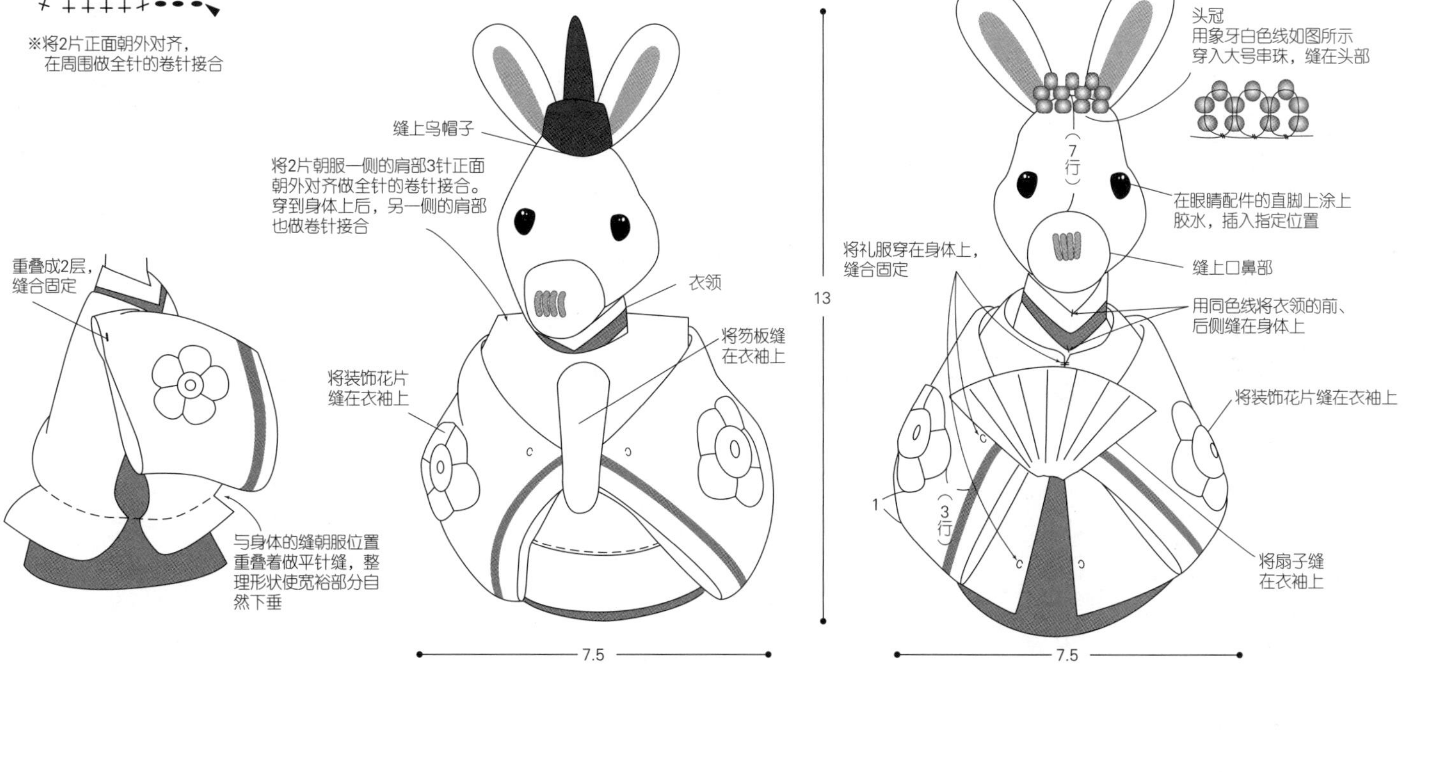

缝上乌帽子

将2片朝服一侧的肩部3针正面
朝外对齐做全针的卷针接合。
穿到身体上后，另一侧的肩部
也做卷针接合

重叠成2层，
缝合固定

将装饰花片
缝在衣袖上

衣领

将笏板缝
在衣袖上

与身体的缝朝服位置
重叠着做平针缝，整
理形状使宽裕部分自
然下垂

头冠
用象牙白色线如图所示
穿入大号串珠，缝在头部

（7
行）

在眼睛配件的直脚上涂上
胶水，插入指定位置

缝上口鼻部

用同色线将衣领的前、
后侧缝在身体上

将礼服穿在身体上，
缝合固定

13

将装饰花片缝在衣袖上

1　（3
行）

将扇子缝
在衣袖上

7.5

7.5

141

金平糖 <small>4号蕾丝针</small>

原白色、黄色系段染 各6颗
肉粉色、粉红色、酸橙绿色、水蓝色 各3颗

在中间放入珍珠，在第6行针目头部的后面1根线里挑针收紧

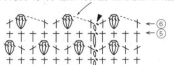

←⑥
←⑤

1.5

编织起点

※在编织起点的爆米花针的周围平针缝一圈后收紧

缝线收紧的位置

= 4针长针的爆米花针

金平糖、干点心的用线及辅材

	线名	色名（色号）	用量	辅材
金平糖	蕾丝线 #40紫野	原白色（2）	3g / 1团	直径8mm的珍珠 24颗
		黄色系段染（54）	3g / 1团	
		肉粉色（4）	2g / 1团	
		粉红色（6）	2g / 1团	
		酸橙绿色（9）	2g / 1团	
		水蓝色（12）	2g / 1团	
干点心	iroiro	豌豆粉色（41）	2g / 1团	
		米白色（1）	2g / 1团	
		嫩绿色（27）	2g / 1团	
		奶酪色（33）	2g / 1团	

干点心（梅花） <small>4/0号针</small>

豌豆粉色、米白色 各2片

将2片正面朝外对齐，在周围做半针的卷针接合

3

● = 用相同颜色的1根线在1片的正面做法式结粒绣（绕3圈）

干点心（蝴蝶） <small>4/0号针</small>

嫩绿色、奶酪色 各2片

用相同颜色的1根线在重叠的2片中心缝合

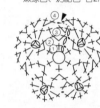

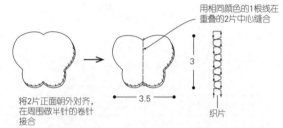

将2片正面朝外对齐，在周围做半针的卷针接合

3

3.5

织片

5针长针的爆米花针

（从1针里挑针）

1 在1针里钩入5针长针，暂时取下钩针，在第1针长针以及刚才取下的线圈里插入钩针。

拉出线圈

2 将刚才取下的线圈从第1针里拉出。

3 再钩1针锁针，收紧针目。5针长针的爆米花针（从1针里挑针）完成。

A

B   C

D   E

材料

[A] 奥林巴斯 Emmy Grande 奶白色（851）190g/4团；Emmy Grande <Colors> 绿色（229）、姜黄色（582）各6g/各1团，粉红色（104）、浅紫色（623）各5g/各1团；直径18mm的纽扣2颗

[B] 奥林巴斯 Emmy Grande 灰色（484）75g/2团

[C] 奥林巴斯 Emmy Grande <Colors> 薄荷蓝色（341）、姜黄色（582）、浅紫色（623）各20g/各2团

[D] 奥林巴斯 Emmy Grande 米色（732）65g/2团，Emmy Grande <Colors> 蓝色（354）10g/1团

[E] 奥林巴斯 Emmy Grande <Colors> 红色（192）、水蓝色（305）、米色（814）各20g/各2团

工具

钩针2/0 号

成品尺寸

[A] 胸围99.5cm，衣长39.5cm，连肩袖长28cm

[B] [D] 长108.5cm，宽16cm

[C] [E] 宽21cm，深21cm

编织密度

花片的大小请参照图示

编织要点

● A…钩织并连接花片。从第2片花片开始，在最后一行一边钩织一边与相邻花片做引拔连接。下摆、前门襟、衣领、袖口环形钩织边缘。最后缝上纽扣。

● B、D…主体钩织并连接花片。然后在周围钩织边缘。

● C、E…主体钩织并连接花片。袋口环形钩织边缘。最后钩织细绳，穿入指定位置。

40、41 <small>页的作品</small> ★★★

A

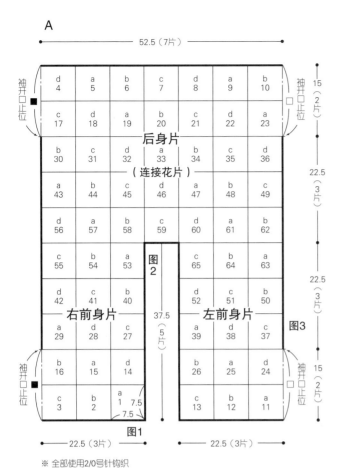

— 52.5（7片）—

d 4	a 5	b 6	c 7	d 8	a 9	b 10
c 17	d 18	a 19	b 20	c 21	d 22	a 23
b 30	c 31	d 32	a 33	b 34	c 35	d 36
a 43	b 44	c 45	d 46	a 47	b 48	c 49
d 56	a 57	b 58	c 59	d 60	a 61	b 62
c 55	b 54	a 53	图2	c 65	b 64	a 63
d 42	c 41	b 40		d 52	c 51	b 50
d 29	c 28	c 27		a 39	d 38	c 37
b 16	a 15	d 14		b 26	a 25	d 24
c 3	b 2	a 1		c 13	b 12	a 11

后身片（连接花片）
右前身片　左前身片

神开口止位
15（2片）　22.5（3片）　22.5（3片）　15（2片）
37.5（5片）
图1　图3
22.5（3片）　22.5（3片）
7.5　7.5

※ 全部使用2/0号针钩织
※ 花片内的数字表示连接的顺序
※ 相同标记一边钩织一边做连接
※ 花片角部的连接方法请参照第87页

花片（A）

7.5 / 7.5

▷ = 加线
► = 剪线

A的花片的配色与片数

	第1、2行	第3~6行	片数
a	绿色	奶白色	17片
b	姜黄色	奶白色	17片
c	浅紫色	奶白色	16片
d	粉红色	奶白色	15片

边缘编织（A）

←③
←②
←①
1个花样

花片的连接方法（A）

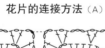

边缘编织
①→
②→
③→

扣眼
图1 下摆

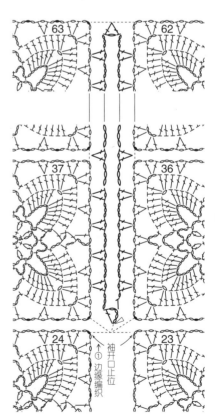

63　62
37　36
24　23

图3 袖口
神开口止位　↑① 边缘编织

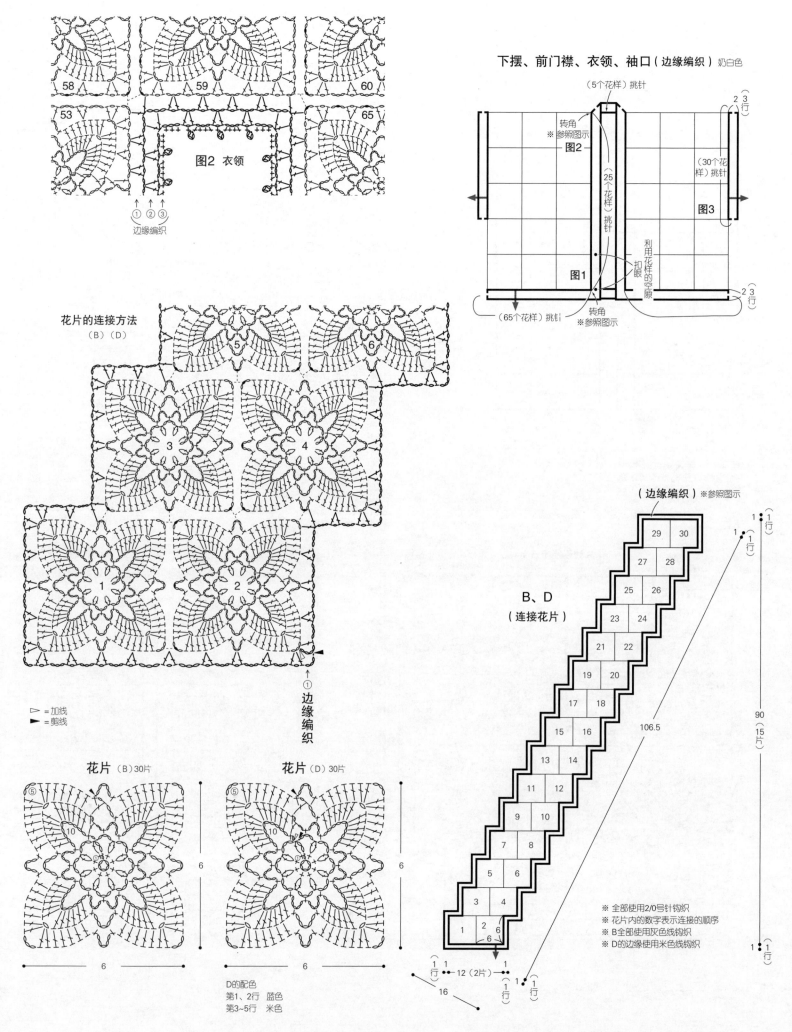

图2 衣领

① ② ③
边缘编织

下摆、前门襟、衣领、袖口（边缘编织）奶白色

（5个花样）挑针
转角
※参照图示
图2
（25个花样）挑针
利用花样的空隙
扣眼
图1
（65个花样）挑针
转角
※参照图示
（30个花样）挑针
图3
2 3行
2 3行

花片的连接方法
（B）（D）

▷ =加线
▶ =剪线

①
边缘编织

花片（B）30片

花片（D）30片

D的配色
第1、2行 蓝色
第3～5行 米色

（边缘编织）※参照图示

B、D
（连接花片）

106.5

1 1行
1 1行

90
（15片）

1 1行
1 1行

1行
12（2片）

16

※ 全部使用2/0号针钩织
※ 花片内的数字表示连接的顺序
※ B全部使用灰色线钩织
※ D的边缘使用米色线钩织

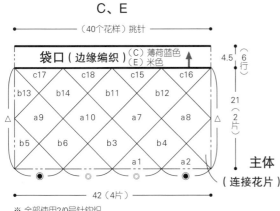
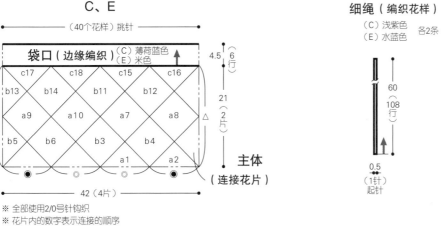

C、E

（40个花样）挑针

袋口（边缘编织）（C）薄荷蓝色
（E）米色

4.5（6行）

c17 c18 c15 c16
b13 b14 b11 b12
a9 a10 a7 a8
b5 b6 b3 b4
a1 a2

21（2片）

主体
（连接花片）

42（4片）

※ 全部使用2/0号针钩织
※ 花片内的数字表示连接的顺序

细绳（编织花样）
（C）浅紫色
（E）水蓝色　各2条

编织花样

60（108行）

0.5（1针）起针

花片a、b（C）（E）

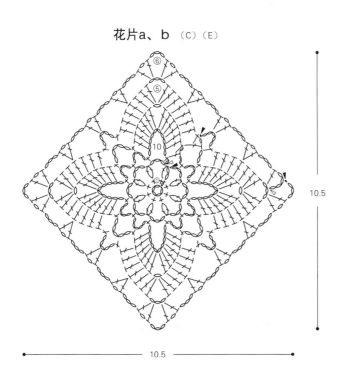

10.5

10.5

C、E的花片的配色与片数

	花片	第1、2行	第3~5行	第6行	片数
C	a	姜黄色	浅紫色	薄荷蓝色	6片
	b	浅紫色	姜黄色	浅紫色	8片
	c		薄荷蓝色		4片
E	a	红色	水蓝色	米色	6片
	b	水蓝色	红色	水蓝色	8片
	c		米色		4片

花片c（C）（E）

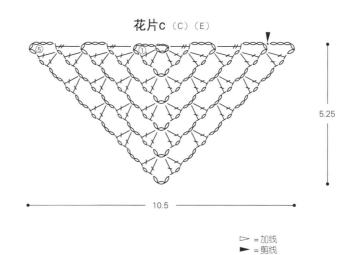

5.25

10.5

▷ = 加线
▶ = 剪线

花片的连接方法与边缘编织 （C）（E）

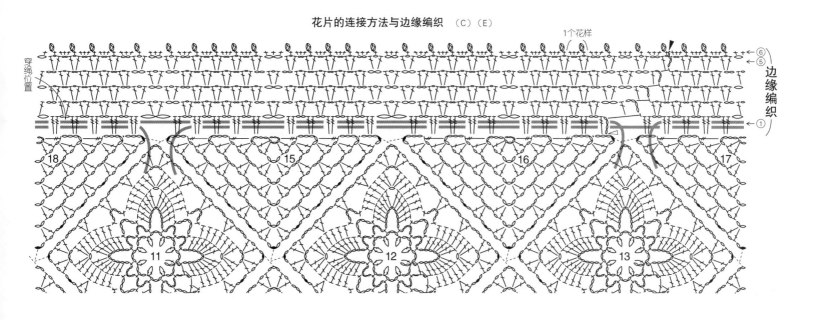

145

材料
Joint Air Tulle柠檬黄色（191）130g/1团，口金包链条 120cm（JTM-C522 古金色）1条，拧锁扣 20mm×27mm（JTMP-183 古金色）1组

工具
钩针 8mm

成品尺寸
宽20cm，深10cm

编织密度
10cm×10cm面积内：短针、编织花样均为

10针，10行

编织要点
●主体锁针起针后，按编织花样做往返的环形编织。参照图示加针。侧边与主体一样起针后钩织短针。接着在主体的周围钩织引拔针，注意▲部分与侧边正面朝外对齐接合。最后在指定位置安装拧锁扣和口金包链条。

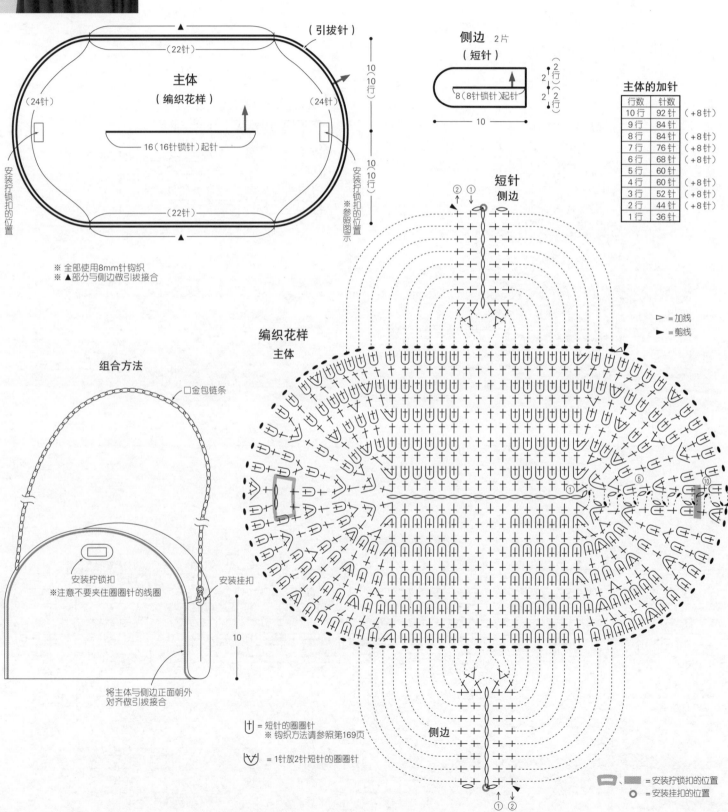

主体的加针

行数	针数	
10行	92针	（+8针）
9行	84针	
8行	84针	（+8针）
7行	76针	（+8针）
6行	68针	（+8针）
5行	60针	
4行	60针	（+8针）
3行	52针	（+8针）
2行	44针	（+8针）
1行	36针	

※ 全部使用8mm针钩织
※ ▲部分与侧边做引拔接合

组合方法

□金包链条

安装拧锁扣
※注意不要夹住圈圈针的线圈

安装挂扣

将主体与侧边正面朝外对齐做引拔接合

⊣ = 短针的圈圈针
※ 钩织方法请参照第169页

Ⅴ = 1针放2针短针的圈圈针

▷ = 加线
► = 剪线

━ ▬ = 安装拧锁扣的位置
○ = 安装挂扣的位置

材料

Joint Air Tulle 橄榄绿色（236）145g/1团，
紫色（113）100g/1团

工具

钩针 8mm

成品尺寸

宽29cm，深28cm

编织密度

10cm×10cm面积内：条纹花样9.5针，7.5行

编织要点

●底部锁针起针后，按条纹花样做往返的环形钩织，注意钩织的方向。短针的圈圈针要松松地挂线钩织。不要剪断配色线，钩织起立针时夹住配色线将其提上来。接着参照图示钩织锁针的提手。

●组合…在提手中间将6条锁针绳一起包住紧紧地钩织1行短针。

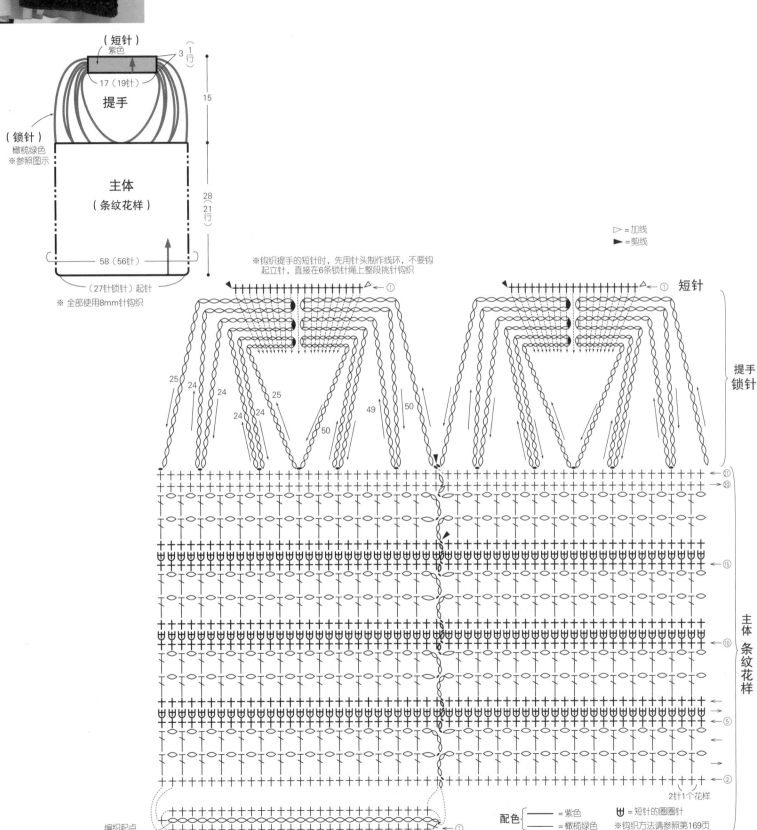

（短针）
紫色

3行

17（19针）

提手

（锁针）
橄榄绿色
※参照图示

15

主体
（条纹花样）

28
21行

58（56针）

（27针锁针）起针

※全部使用8mm针钩织

▷=加线
▶=剪线

※钩织提手的短针时，先用针头制作线环，不要钩起立针，直接在6条锁针绳上整段挑针钩织

短针

提手
锁针

25 24 24 25   49 50   50

主体
条纹
花样

21
20

15

10

5

2

编织起点
（27针锁针）起针

2针1个花样

配色 ┃=紫色
      ┃=橄榄绿色

ʊ=短针的圈圈针

※钩织方法请参照第169页

147

材料
ROWAN Kidsilk Haze 粉红色（712 Ultra）
125g/5团，浅粉色（710 Blossom）50g/2团
工具
棒针9号、6号
成品尺寸
胸围114cm，衣长54.5cm，连肩袖长58cm
编织密度
10cm×10cm面积内：条纹花样16针，34行
编织要点
●身片、衣袖…粉红色用2根线、浅粉色用1根线编织。身片用粉红色线手指挂线起针后

开始编织单罗纹针。接着按条纹花样编织。领窝减2针及以上时做伏针减针，减1针时立起侧边1针减针。衣袖另线锁针起针后开始编织条纹花样。参照图示在最后一行减针。袖口解开起针时的锁针挑针，编织单罗纹针。编织终点做伏针收针。
●组合…肩部做盖针接合。衣领挑取指定数量的针目后环形编织单罗纹针，编织终点与袖口一样收针。衣袖与身片之间做针与行的接合。胁部、袖下做挑针缝合。将下摆、袖口、衣领向内侧翻折后，用1根粉红色线缝合。

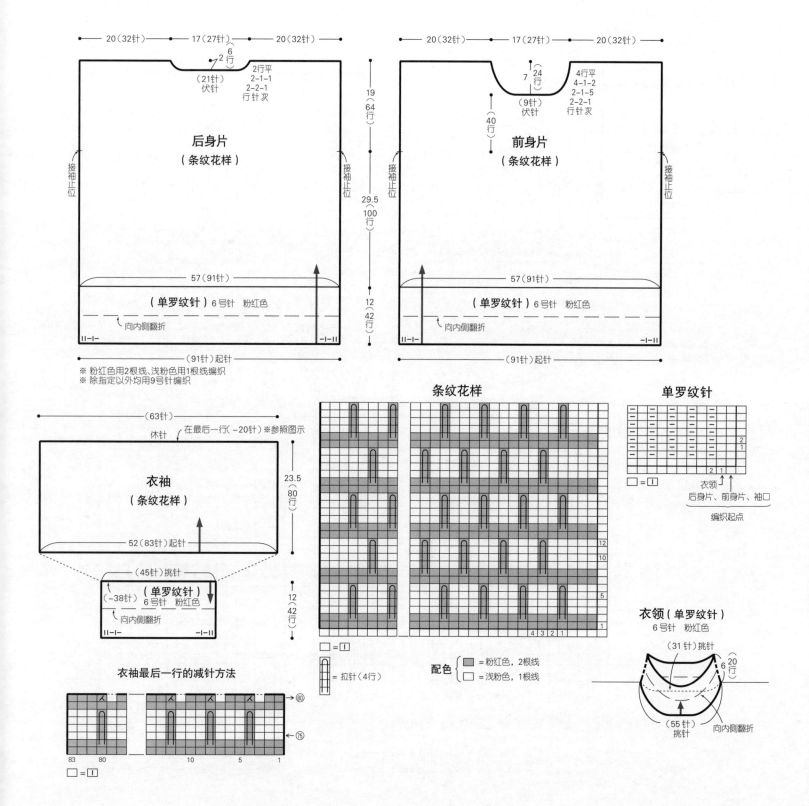

材料
手织屋 Silk Mohair Reina 米色(06)、浅水蓝色(09)各55g

工具
棒针8号

成品尺寸
胸围98cm, 衣长55.5cm, 连肩袖长60.5cm

编织密度
10cm×10cm 面积内：下针编织16.5针, 25行

编织要点
●身片、衣袖…全部用米色和浅水蓝色共2根线合股编织。另线锁针起针后环形编织下针。胁部的减针参照图示。后身片往返做8行下针编织作为前后差, 编织终点休针。下摆、袖口解开起针时的锁针挑针, 环形做边缘编织。编织终点松松地做上针的伏针收针。育克从身片和衣袖挑针, 按编织花样环形编织。参照图示分散减针。接着衣领做边缘编织, 编织终点与下摆一样收针。

●组合…腋下分别做下针无缝缝合以及针与行的接合。

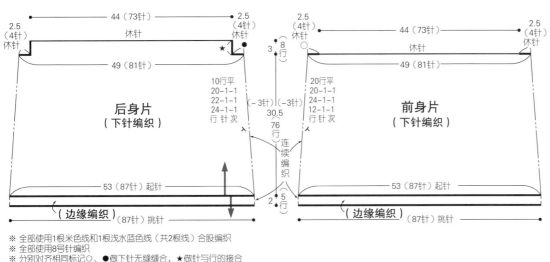

※ 全部使用1根米色线和1根浅水蓝色线（共2根线）合股编织
※ 全部使用8号针编织
※ 分别对齐相同标记○、●做下针无缝缝合, ★做针与行的接合

编织花样与育克、衣领的分散减针

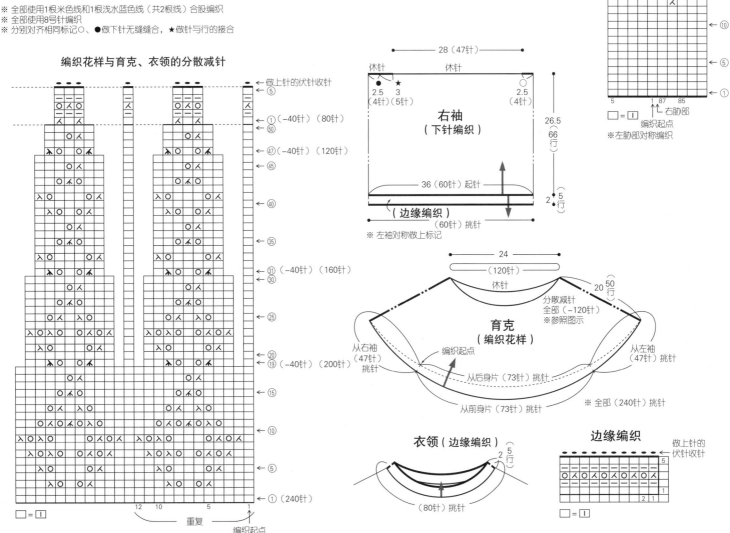

149

材料
手织屋 T Silk 浅黄色（07）215g，Silk Mohair Reina 黄色（04）75g；直径13mm的纽扣 1 颗

工具
棒针 5 号，钩针 5/0 号

成品尺寸
胸围 112cm，衣长 54.5cm，连肩袖长 49cm

编织密度
10cm×10cm 面积内：编织花样 23.5针，26行；下针编织 20针，28.5行

编织要点
●育克、身片、衣袖…全部使用 T Silk 的 1 根线和 Silk Mohair Reina 的 1 根线合股编织。

手指挂线起针后，衣领往返编织起伏针。接着，育克参照图示按编织花样一边编织一边分散加针。前 20 行做往返编织，从第 21 行开始环形编织。后身片按编织花样往返编织 8 行作为前后差。然后从腋下卷针起针和育克挑取指定数量的针目，一边分散加针一边按编织花样环形编织前、后身片。下摆编织起伏针，编织终点用钩针做引拔收针。衣袖从腋下、前后差、育克挑针后，环形编织下针。袖口参照图示折叠褶裥后，编织起伏针。编织终点与下摆一样收针。
●组合…钩织纽襻，缝上纽扣。

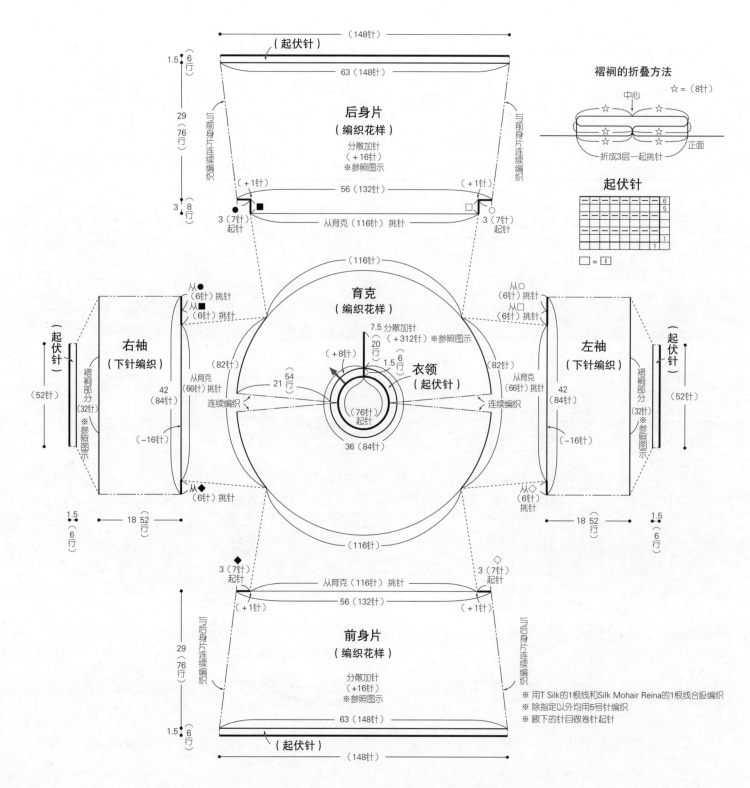

编织花样与育克的分散加针

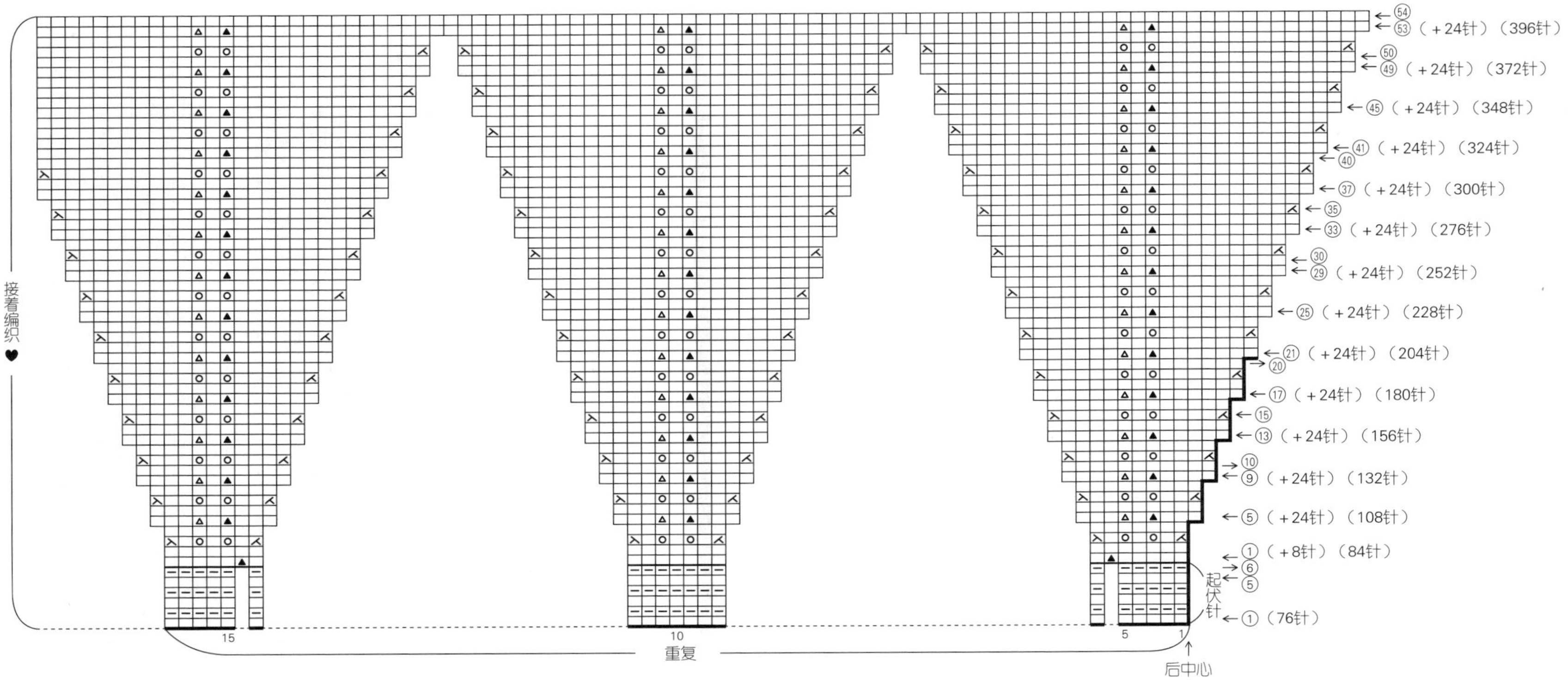

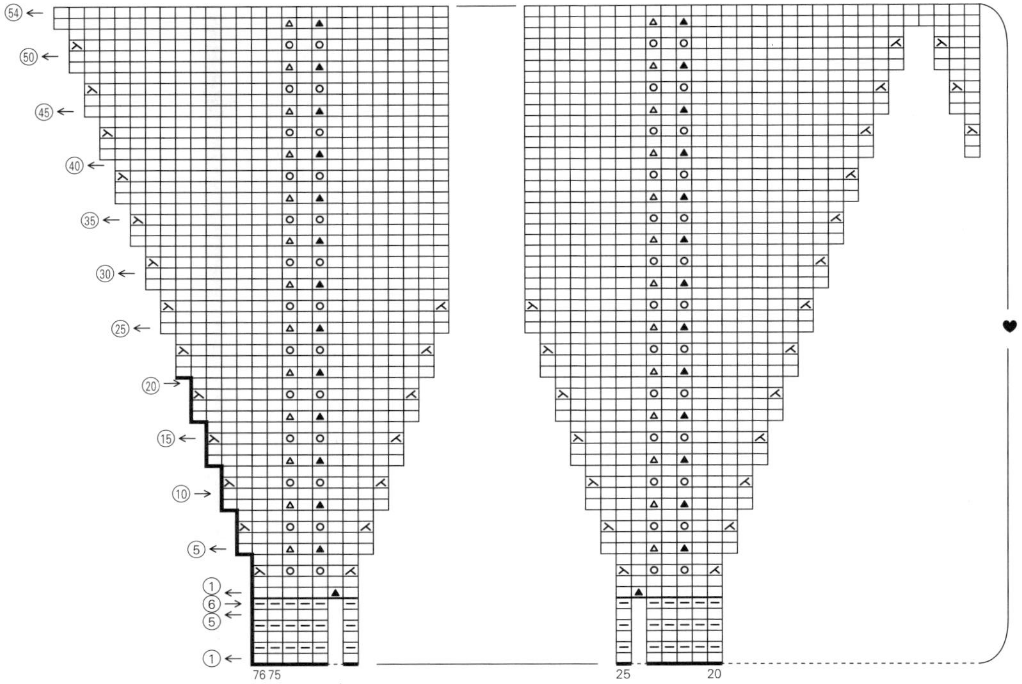

左、右扭加针

▲ 左扭加针（向左扭转的扭针）
△ 右扭加针（向右扭转的扭针）

（396针）
（372针）
（348针）
（324针）
（300针）
（276针）
（252针）
（228针）
（204针）
（180针）
（156针）
（132针）
（108针）
（+24针）
（+24针）
（+24针）
（+24针）
（+24针）
（+24针）
（+24针）
（+24针）
（+24针）
（+24针）
（+24针）
（+24针）
（+24针）
（+8针）
（84针）
（76针）

54 53 50 49 45 41 40 37 35 33 30 29 25 21 20 17 15 13 10 9 5 1 6 5 1

起针
后中心
重复
接着编织

□=□
▲=左扭加针
△=右扭加针

纽襻
17
1.5
0.5
缝在反面
锁针（9针）
缝针（9针）5/0号针

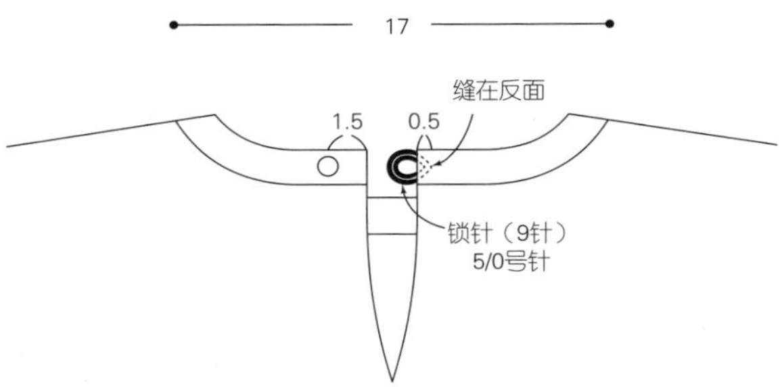

151

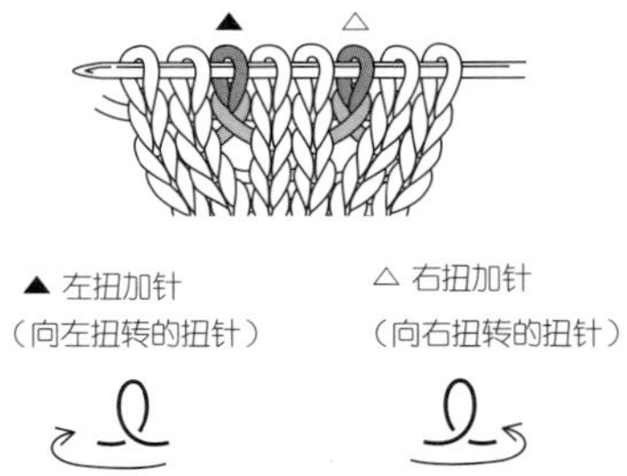

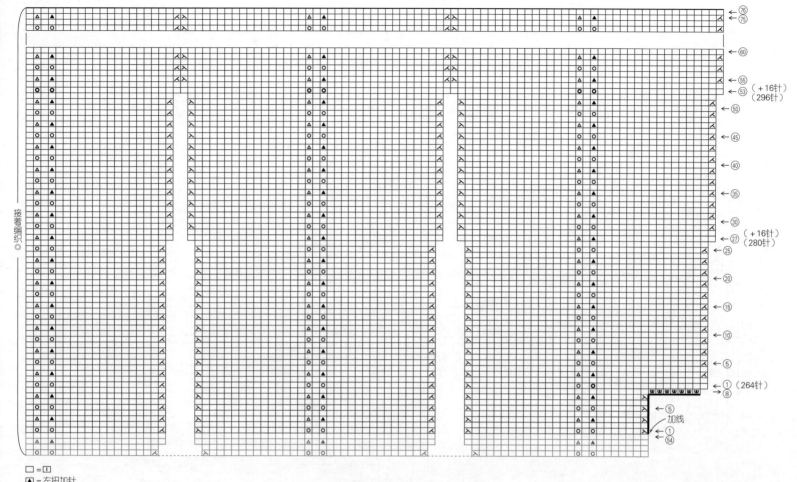

□ = ☐
▲ = 左扭加针
△ = 右扭加针

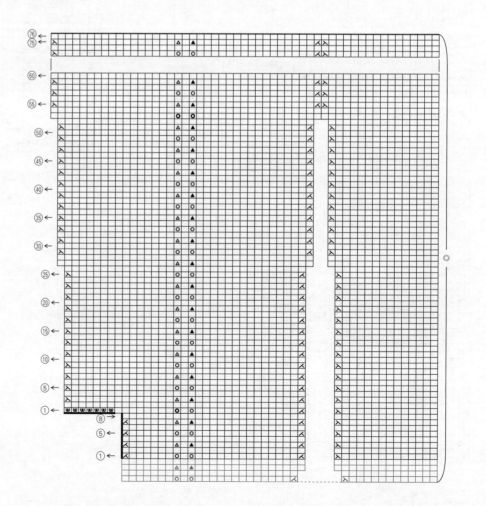

材料
手织屋 T Silk 米色（01）170g，Silk Mohair Reina 米色（06）55g

工具
棒针 6 号，4 号，钩针 4/0 号

成品尺寸
胸围 90cm，衣长 57cm，连肩袖长 51.5cm

编织密度
10cm×10cm 面 积 内：编 织 花 样19针，28.5行；下针编织19针，26.5行

编织要点
●育克、身片、衣袖…全部使用 T Silk 的 1 根线和 Silk Mohair Reina 的 1 根线合股编织。

育克另线锁针起针后，按编织花样开始环形编织。参照图示分散加针。后身片往返编织 8 行作为前后差。接下来，前、后身片从腋下的另线锁针和育克上挑取指定数量的针目，环形编织下针。下摆做边缘编织 A，编织终点做下针织下针、上针织上针的伏针收针。衣袖解开腋下的另线锁针挑针，再从前后差和育克的休针上挑针，按身片的要领编织。袖口做边缘编织 B，编织终点与下摆一样收针。

●组合…衣领解开起针时的锁针挑针，按边缘编织 C 环形编织。编织终点与下摆一样收针。

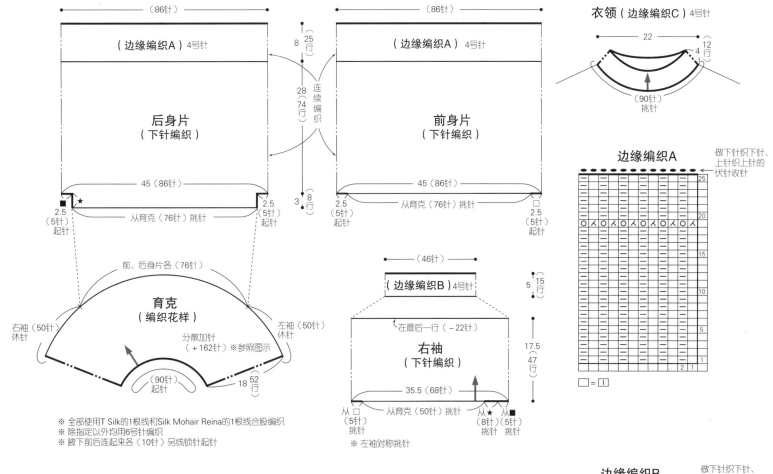

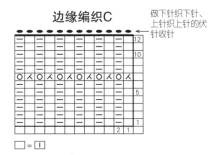

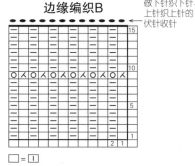

编织花样与育克的分散加针　※12针1个花样

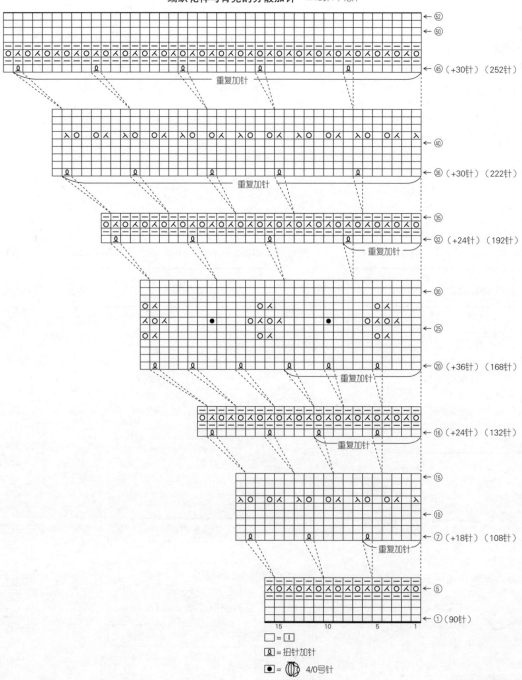

□ = □

Ω = 扭针加针

● = 4/0号针

材料
达摩手编线 GENMOU（接近原毛的美利奴羊毛）灰粉色(22) 90g/3团，酸橙绿色(15) 60g/2团

工具
棒针8号、6号（使用无堵头的棒针）

成品尺寸
宽31cm，长173cm

编织密度
10cm×10cm 面积内：条纹花样16针，31行；
起伏针条纹20.5针，36行

编织要点
●另线锁针起针后，用灰粉色线挑针，按条纹花样开始编织。编织277行后，用蒸汽熨斗将织物熨烫平整。接着在第1行减针后编织起伏针条纹。编织终点用灰粉色线从反面做伏针收针。解开起针时的锁针，一边减针一边挑针，同样编织起伏针条纹。编织终点也用相同方法做伏针收针。

59页的作品 ★★★

斜肩与前领窝的编织方法

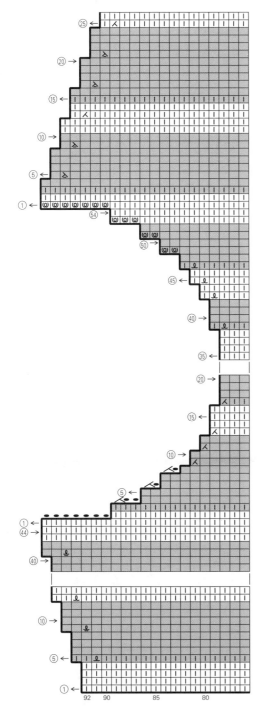

□ = ⊟
⚲ = 扭针加针
⚲ = 上针的扭针加针
回 = 卷针

伏针

（起伏针
条纹）
6号针
（-25针）
12（25针）

42
（151
行）

89
（277
行）

披肩
（条纹花样）
8号针

31（50针）起针

12（25针）
挑针
（-25针）

（起伏针
条纹）
6号针

42
（151
行）

伏针

条纹花样

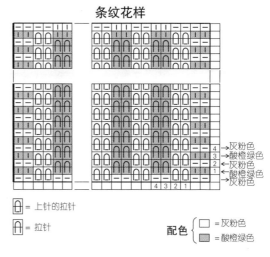

4→灰粉色
3←酸橙绿色
2←灰粉色
1←酸橙绿色
→灰粉色

⌂ = 上针的拉针

⌂ = 拉针

配色 { □ =灰粉色　▨ =酸橙绿色 }

起伏针条纹

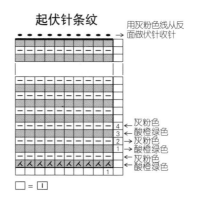

用灰粉色线从反
面做伏针收针

4←灰粉色
3←酸橙绿色
2←灰粉色
1←酸橙绿色
←灰粉色
1←酸橙绿色

□ = |

材料
ROWAN Kidsilk Haze 水蓝色(722 Blue Daisy) 75g/3团，浅水蓝色(693 Mint) 70g/3团，绿色(666 Alhambra) 25g/1团
工具
棒针7号
成品尺寸
胸围108cm，衣长54cm，连肩袖长58.5cm
编织密度
10cm×10cm面积内：条纹花样20针，30行

编织要点
●身片、衣袖…使用指定颜色和根数的线编织。身片按胁部58针和袖隆34针另线锁针起针，按条纹花样开始编织。参照图示加减针。接着在胁部做下针编织，编织终点休针。解开胁部起针时的锁针挑针后做下针编织，编织终点同样休针。肩部做挑针缝合。衣袖从袖隆挑针，做条纹花样和上针编织，编织终点从反面做伏针收针。
●组合…胁部做引拔接合，袖下做挑针缝合。下摆、衣领挑取指定数量的针目后环形做上针编织，编织终点做上针的伏针收针。

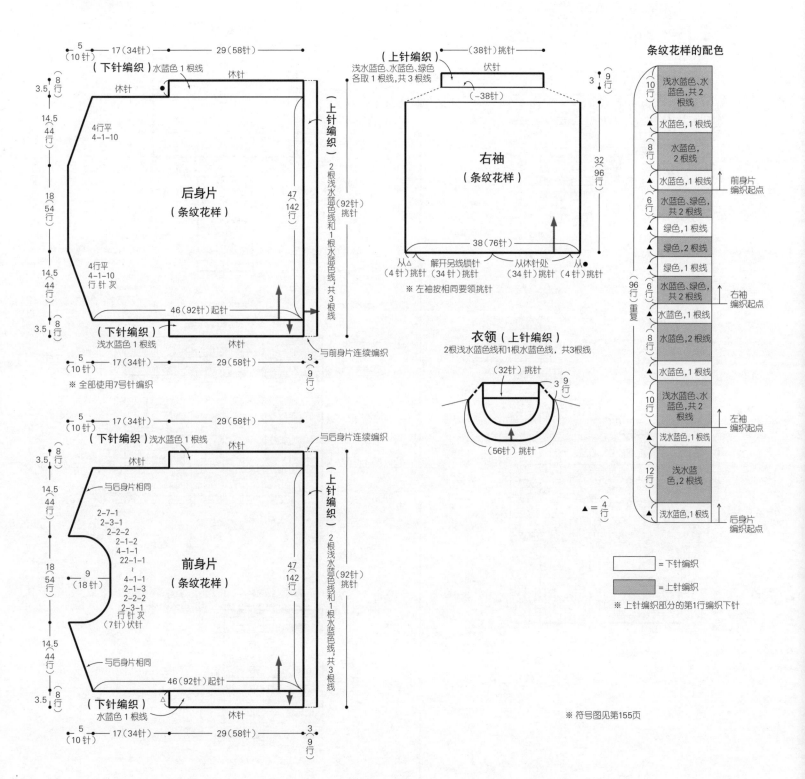

材料

手织屋 Silk Mohair Reina 原白色(15) 85g，
T Silk 水蓝色(03)、浅灰色(04)各60g

工具

棒针6号、5号

成品尺寸

胸围98cm，衣长55cm，连肩袖长60.5cm

编织密度

10cm×10cm面积内：编织花样21针，
33.5行；条纹花样23.5针，31.5行

编织要点

●身片、衣袖…手指挂线起针后，按编织花
样和条纹花样编织。领窝减2针及以上时做
伏针减针，减1针时立起侧边1针减针。袖
下的加针在1针的内侧做扭针加针。

●组合…肩部做盖针接合。衣领挑取指定数
量的针目后环形编织起伏针。编织终点从反
面做伏针收针。衣袖与身片之间做针与行的
接合。胁部、袖下做挑针缝合。

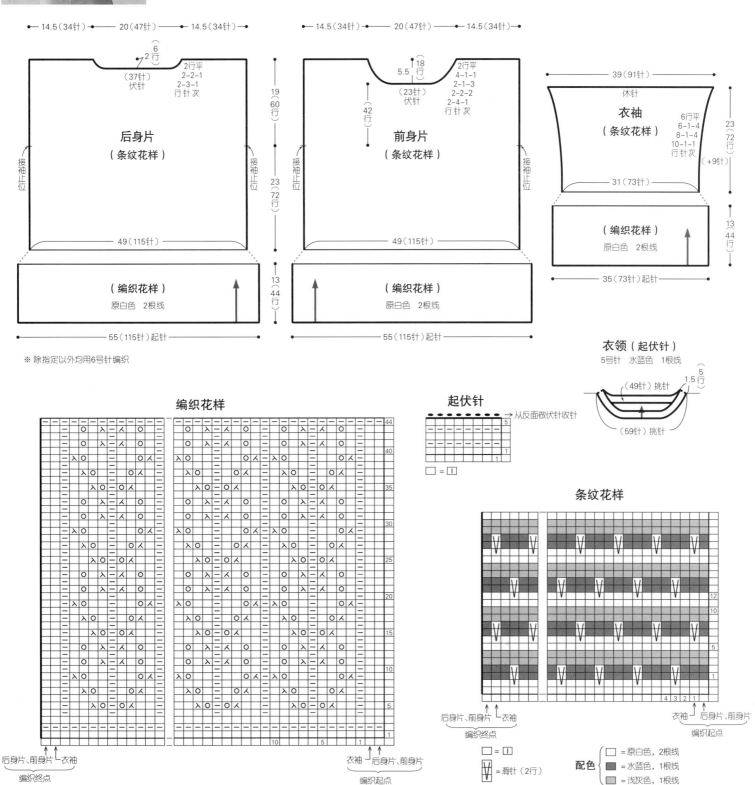

材料
芭贝 Puppy Linen 100 褐色(909) 235g/6团
工具
棒针8号
成品尺寸
宽47cm，长147.5cm
编织密度
10cm×10cm面积内：编织花样C 27针，24行

编织要点
●用1根线松松地手指挂线起针后，按编织花样A、B、C、D编织。编织花样B用2根线编织，其余都用1根线编织。编织花样C的第1行在2根线编织的前一行针目里依次挑取1根线编织。从第3行开始，每2行换1根线编织。无须断线，直接渡线编织，注意不要拉得太紧。编织终点松松地做下针织下针、上针织上针的伏针收针。

披肩

披肩的编织方法

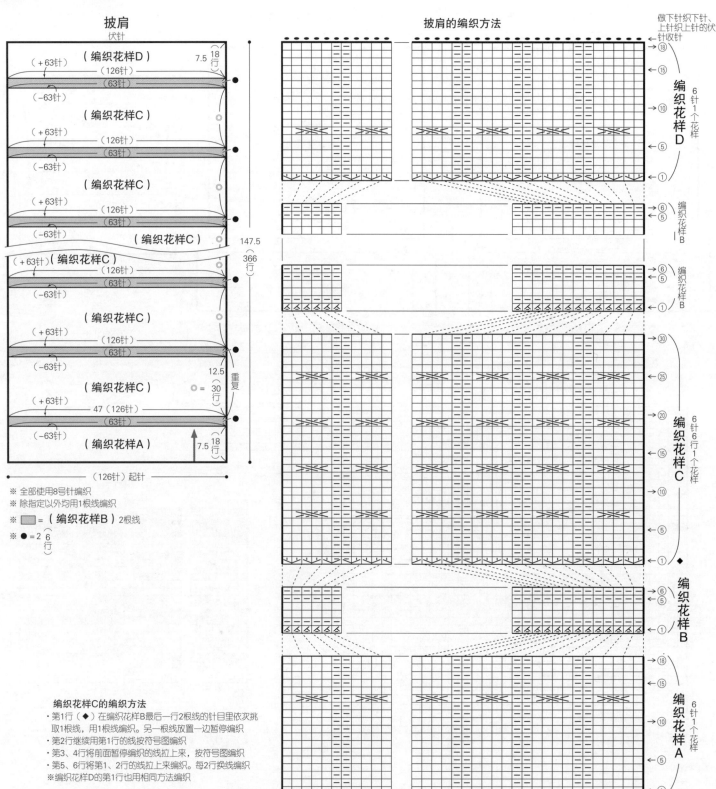

※ 全部使用8号针编织
※ 除指定以外均用1根线编织
※ ▨ =（编织花样B）2根线
※ ● = 2 6行

编织花样C的编织方法
· 第1行（◆）在编织花样B最后一行2根线的针目里依次挑取1根线，用1根线编织。另一根线放置一边暂停编织
· 第2行继续用第1行的线按符号图编织
· 第3、4行将前面暂停编织的线拉上来，按符号图编织
· 第5、6行将第1、2行的线拉上来，按符号图编织。每2行换线编织
※编织花样D的第1行也用相同方法编织

□ = ☐

材料
钻石线 Masterseed Cotton <Silk> 肉粉色
（8104）375g/15团
工具
棒针5号，3号，钩针2/0号
成品尺寸
胸围96cm，衣长58.5cm，连肩袖长55.5cm
编织密度
10cm×10cm面积内：编织花样A 27针，
32行；编织花样B、B'均为28针，32行
编织要点
●身片、衣袖…另线锁针起针后，身片按编
织花样A、B、B'编织，衣袖按编织花样B

编织。编织花样A的分散减针、领窝的减针
参照图示编织。衣袖的编织终点休针。下摆
边解开起针时的锁针挑针后编织起伏针，编
织终点做上针的伏针收针。袖口与下摆边一
样挑针后做边缘编织，编织终点做扭针的单
罗纹针收针。
●组合…肩部做盖针接合。衣领挑取指定数
量的针目后环形编织边缘，编织终点与袖口
一样收针。衣袖在袖山折叠褶裥，再和身片
做针与行的接合。胁部、袖下做挑针缝合。

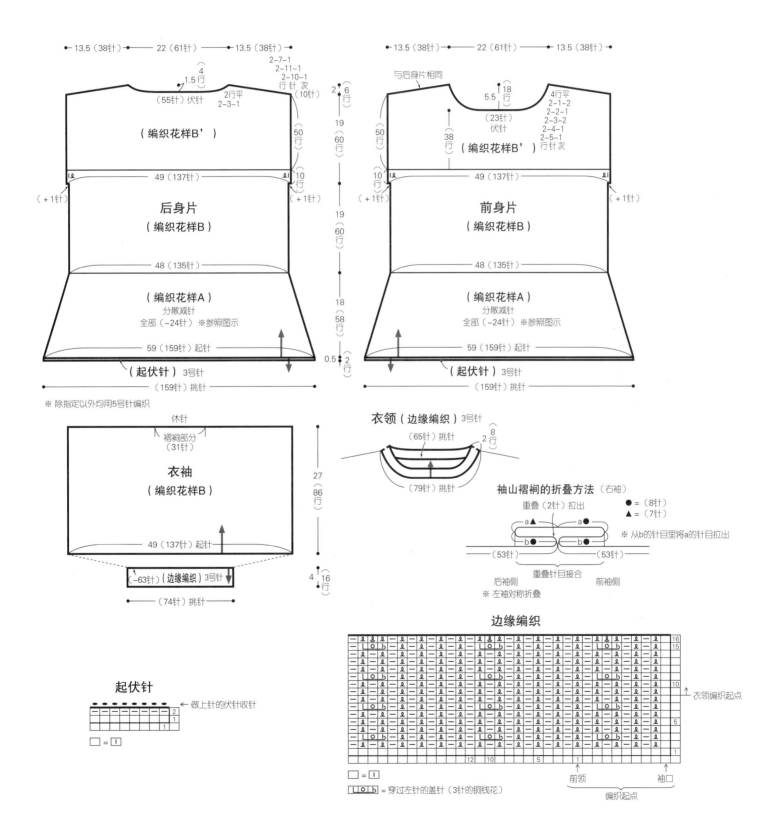

编织花样A与分散减针

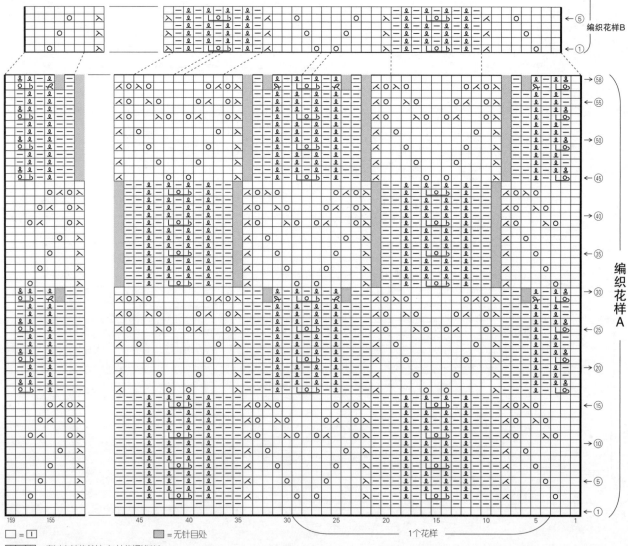

编织花样B

编织花样A

| □ = □ | ■ = 无针目处 |

ⓛⓞⓑ = 穿过左针的盖针（3针的铜钱花）

ⓛⓞ、ⓞⓑ = 穿过左针的盖针（2针）

☒ = 扭针的右上2针并1针

☒ = 扭针的左上2针并1针

1个花样

编织花样B'

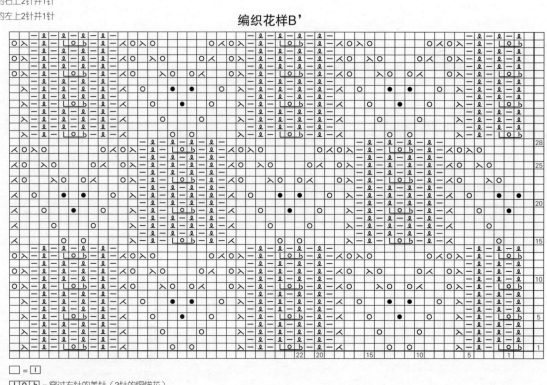

□ = □

ⓛⓞⓑ = 穿过左针的盖针（3针的铜钱花）

● = ⓌⒹ = 3针中长针的枣形针（2/0号针）

编织花样B

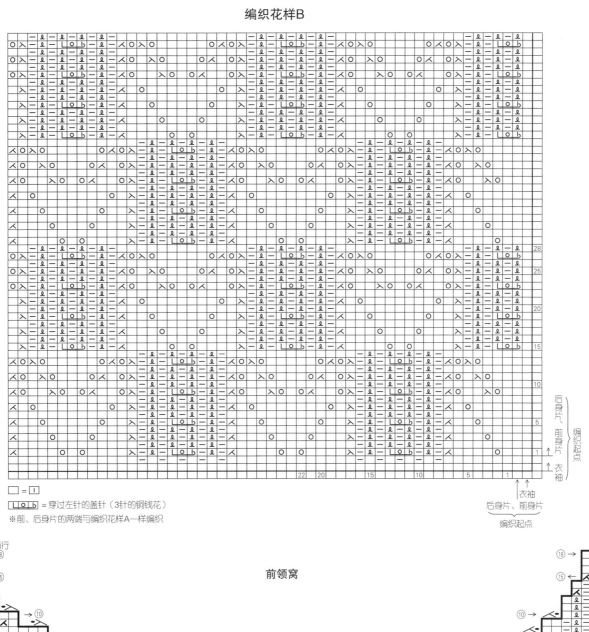

□ = 🔲

🔲 = 穿过左针的盖针（3针的铜钱花）

※前、后身片的两端与编织花样A一样编织

后身片、前身片、衣袖

编织起点

后身片、前身片

编织起点

前领窝

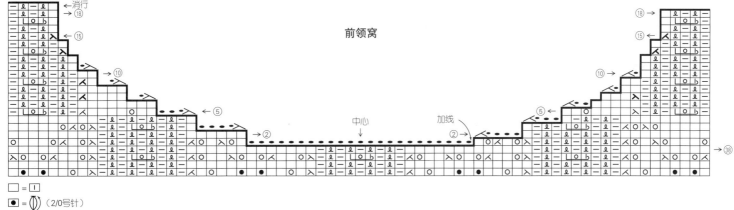

□ = 🔲

● = 🔲 （2/0号针）

后领窝与斜肩

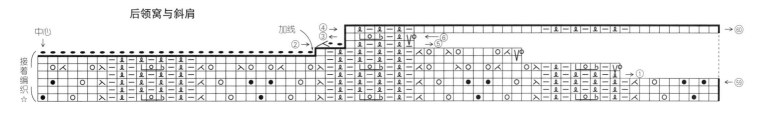

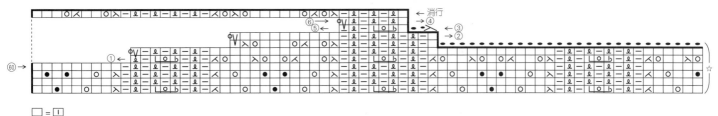

□ = 🔲

● = 🔲 （2/0号针）

材料

K's K GALETTE 白色(1)270g/7团,黑色(21) 185g/5团

工具

钩针4/0号

成品尺寸

胸围95cm,衣长44cm,连肩袖长53cm

编织密度

花片的边长为9.5cm

编织花样的1个花样4cm,13.5行10cm

编织要点

●身片、衣袖…钩织并连接花片。从第2片花片开始,在最后一行一边钩织一边与相邻花片做连接。因为每个花片的连接方向不同,黑色边要朝上,请注意连接方向和顺序。饰带锁针起针后,按编织花样钩织。然后从起针处挑针,另一侧也用相同方法钩织。在饰带周围一边钩织边缘编织A一边与花片做连接。

●组合…下摆、衣领、袖口分别按条纹边缘B、条纹边缘C、边缘编织D环形钩织。

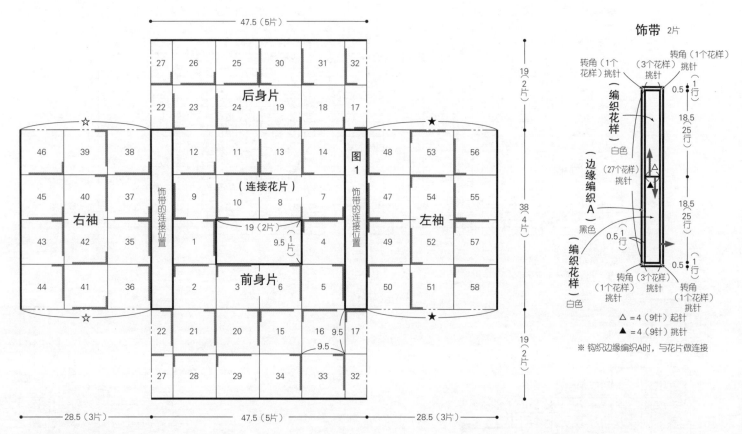

饰带 2片

转角(1个花样)挑针　转角(1个花样)挑针

(3个花样)挑针

编织花样　白色

(27个花样)挑针

边缘编织A

编织花样　白色

黑色

转角(3个花样)(1个花样)挑针　转角(1个花样)挑针

△ = 4(9针)起针
▲ = 4(9针)挑针

※钩织边缘编织A时,与花片做连接

0.5 (1行)
18.5 25行
18.5 25行
0.5 (1行)
0.5 (1行)
0.5 (1行)

47.5(5片)

| 27 | 26 | 25 | 30 | 31 | 32 |

后身片

| 22 | 23 | 24 | 19 | 18 | 17 |

19 (2片)

| 46 | 39 | 38 | 12 | 11 | 13 | 14 | 图1 | 48 | 53 | 56 |

(连接花片)

| 45 | 40 | 37 | 9 | 10 | 8 | 7 | | 47 | 54 | 55 |

右袖　饰带的连接位置　左袖　饰带的连接位置

| 43 | 42 | 35 | 1 | | | 4 | | 49 | 52 | 57 |

19(2片) 9.5 1片

前身片

| 44 | 41 | 36 | 2 | 3 | 6 | 5 | | 50 | 51 | 58 |

38 (4片)

| 22 | 21 | 20 | 15 | 16 9.5 | 17 |

9.5

| 27 | 28 | 29 | 34 | 33 | 32 |

19 (2片)

28.5(3片)　47.5(5片)　28.5(3片)

※ 全部使用4/0号针钩织
※ 花片内的数字表示连接的顺序
※ 相同标记一边钩织一边做连接
── =花片第12行用黑色线钩织的部分

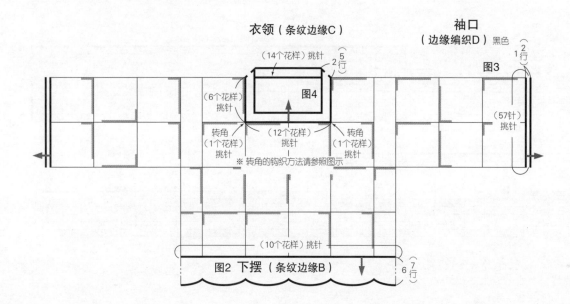

衣领(条纹边缘C)　袖口

(边缘编织D)黑色

(14个花样)挑针

图4　2行5行

(6个花样)挑针

图3

(57针)挑针

转角(1个花样)挑针　(12个花样)挑针　转角(1个花样)挑针

※转角的钩织方法请参照图示

(10个花样)挑针

图2 下摆(条纹边缘B)　7行6行

花片 58片

9.5

9.5

配色 {
— =白色
━ =黑色
}

第7、8行将第5、6行倒向前面钩织

† =从前一行的后侧在第6行短针的后面
半针里挑针，钩织短针

† =钩入2针长针的枣形针
（分开短针的针脚挑针钩织）

▷ =加线
► =剪线

饰带

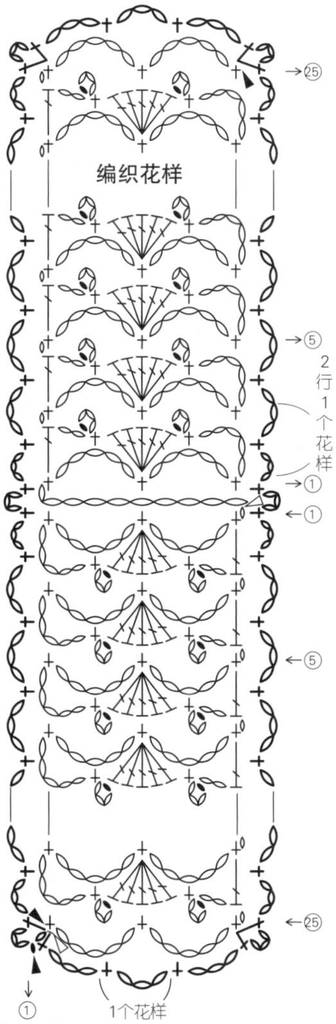

编织花样

2行1个花样

→㉕
→⑤
←①
←①

←⑤

←㉕

→① 1个花样

边缘编织A

图1
饰带的连接方法

18

17

14

48

7

47

4

49

5

50

16   17

衣袖

图3 袖口

3针1个花样

边缘编织D

55 57 58 56

袖下

▷ = 加线
► = 剪线

图2 下摆

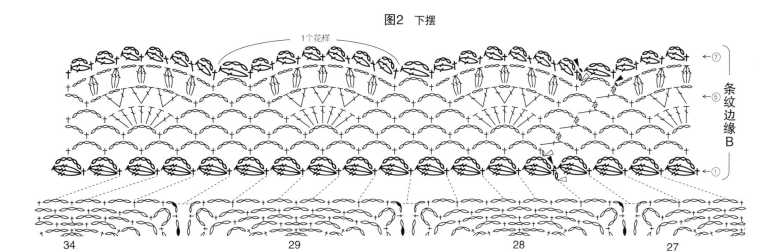

1个花样

条纹边缘B
←⑦
←⑤
←①

34   29   28   27

配色 { —— =白色   ▷ =加线
        —— =黑色   ► =剪线 }

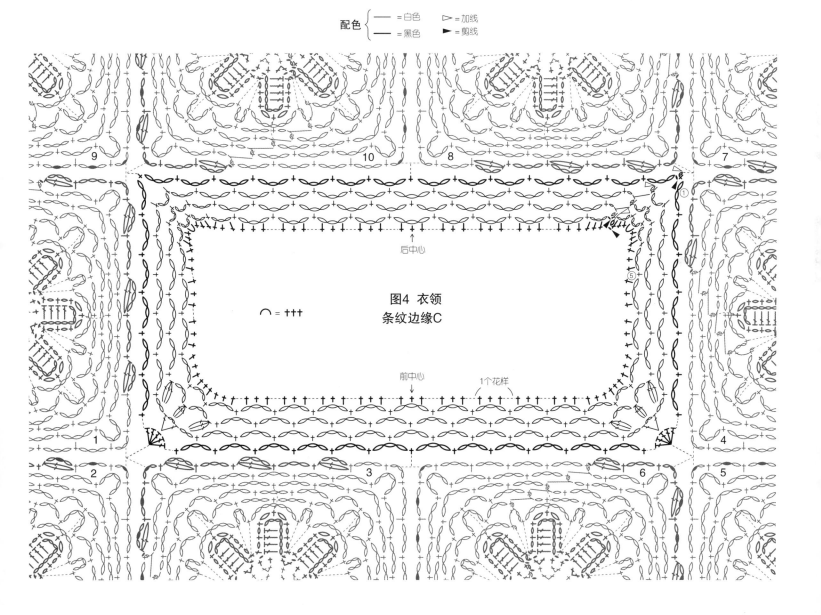

9   10   8   7

后中心

∩ = †††

图4 衣领
条纹边缘C

前中心   1个花样

1   4

2   3   6   5

材料

K's K GALETTE 白色(1) 455g/12 团，黑色
(21) 40g/1 团；直径 20mm 的包扣坯 5 颗；
直径 7mm 的子母扣 1 组

工具

钩针 4/0 号、5/0 号

成品尺寸

胸围 94cm，肩宽 36cm，衣长 47.5cm，袖
长 32cm

编织密度

10cm×10cm 面积内：编织花样 29 针，
16.5 行

编织要点

●身片、衣袖…锁针起针后，按编织花样钩
织。参照图示加减针。

●组合…肩部做引拔接合，胁部做挑针缝
合。下摆、袖口挑取指定数量的针目后，分
别按边缘编织 A、B 钩织。将下摆向内侧翻
折后与身片缝合。前门襟钩织短针，在右前
门襟留出扣眼。衣领与身片一样起针后，按
编织花样和短针钩织。引返编织与分散加
针参照图示钩织。对齐身片的正面与衣领的
反面做挑针缝合。袖下做挑针缝合。衣袖
与身片做引拔接合。纽扣环形起针后开始钩
织，塞入包扣坯，在最后一行针目里穿线收
紧。最后缝上纽扣和子母扣。

63 页的作品 ★★★

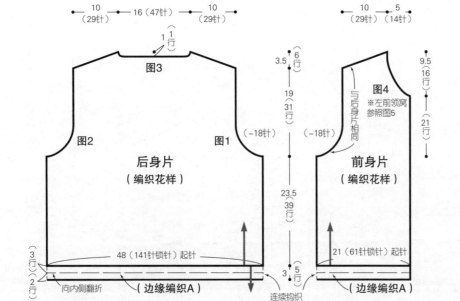

※ 除指定以外均用4/0号针钩织
※ 除指定以外均用白色线钩织
※ 除指定以外均用1根线钩织

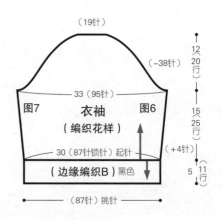

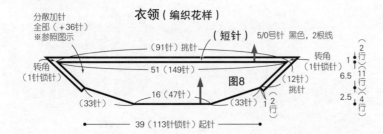

编织花样

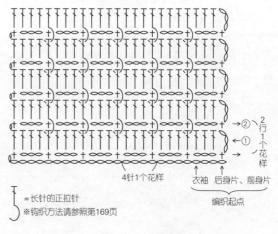

↑ = 长针的正拉针

※ 钩织方法请参照第169页

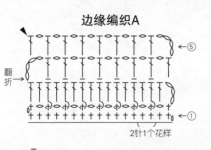

边缘编织B

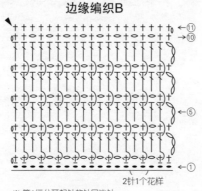

纽扣 黑色 5颗

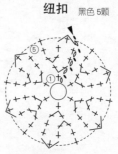

※ 将反面用作正面
※ 塞入包扣坯，在最后一行针目里穿线收紧

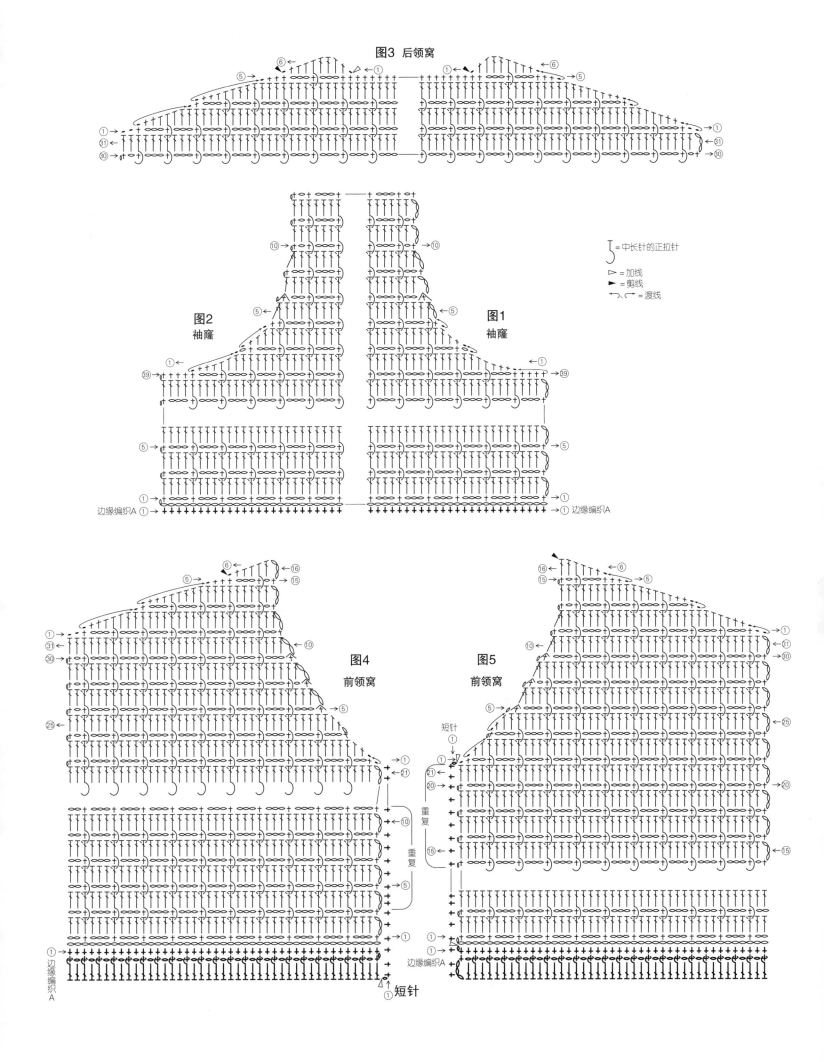

图3 后领窝

图2 袖窿

图1 袖窿

边缘编织A

J = 中长针的正拉针
▷ = 加线
► = 剪线
↶、↷ = 渡线

图4 前领窝

图5 前领窝

重复

短针

边缘编织A

短针

边缘编织A

167

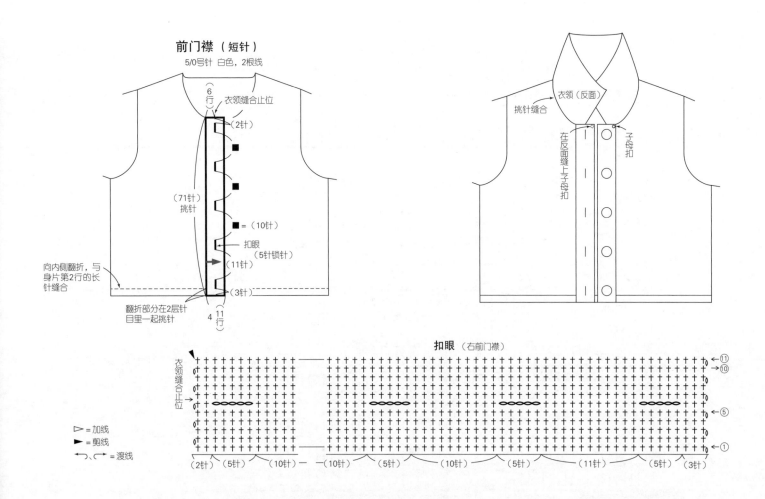

前门襟（短针）
5/0号针 白色，2根线

衣领缝合止位
（2针）
（6行）
衣领缝合止位
（71针）挑针
■ =（10针）
扣眼（5针锁针）
（11针）
向内侧翻折，与身片第2行的长针缝合
翻折部分在2层针目里一起挑针
（4 11行）
（3针）

挑针缝合
衣领（反面）
在反面缝上子母扣
子母扣

▷ = 加线
▶ = 剪线
↔、↪ = 渡线

扣眼（右前门襟）

衣领缝合止位

⑪
⑩
⑤
①

（2针）（5针）（10针） —（10针）（5针）（10针）（5针）（11针）（5针）（3针）

图8 衣领

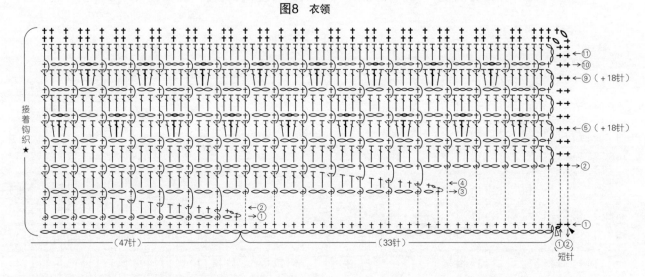

接着钩织 ★

⑪
⑩
⑨（+18针）
⑥（+18针）
②
④
③
②
①
①
①②
短针

（47针）（33针）

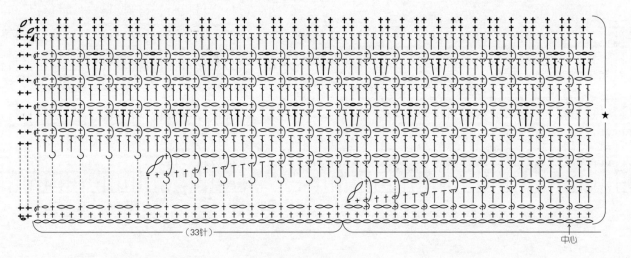

★
（33针）
中心

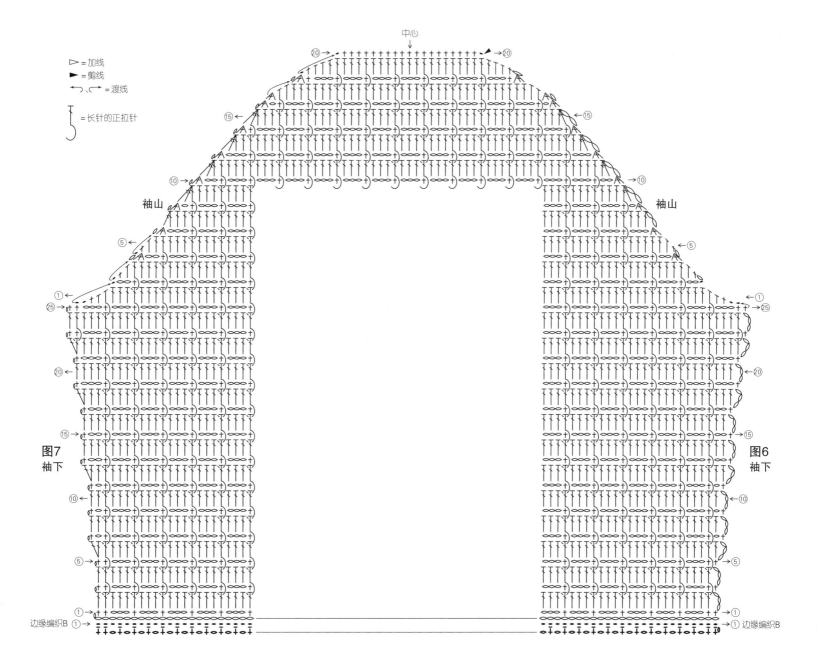

中心

▷ = 加线
► = 剪线
↩、↪ = 渡线

$\uparrow$ = 长针的正拉针

袖山

袖山

图7
袖下

图6
袖下

边缘编织B

边缘编织B

长针的正拉针

$\uparrow$

1 针头挂线，如箭头所示从前面将钩针插入前一行长针的根部，将线拉出。

2 挂线，引拔穿过针上的2个线圈。

3 再次挂线，引拔穿过针上的2个线圈。

4 1针长针的正拉针完成。

短针的圈圈针

1 将左手中指放在线上，向下压在织物的后面。如箭头所示插入钩针。

2 压住织物和线的状态下，挂线后拉出。

3 再次挂线引拔，抽出中指。

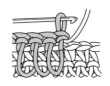
4 短针的圈圈针完成。线圈出现在织物的反面。

材料
和麻纳卡 Cotone Tweed 水蓝色系混染(1)
100g/4 团，灰色系混染(3) 80g/3 团；世界
棉线 Australia Slab 原白色(201) 90g/4 团

工具
编织机 Amimumemo (6.5mm)

成品尺寸
胸围 100cm，肩宽 42cm，衣长 50cm，袖长
40.5cm

编织密度
10cm×10cm 面积内：下针条纹 20 针，27
行

编织要点
●身片、衣袖…单罗纹针起针后，按单罗纹
针和下针条纹编织。换线方法参照第 66 页。
袖窿减针时，用两端的线左右在同一行减
针。后身片的编织终点分成肩部和领口，分
别编织几行另色线后从编织机上取下。前领
窝一边编织一边减针。在袖下加针，袖山用
袖窿的方法减针。
●组合…衣领与身片一样起针后编织单罗纹
针。右肩做机器缝合。衣领与身片之间也做
机器缝合。左肩做机器缝合。胁部、袖下、
衣领侧边做挑针缝合。衣袖与身片之间做引
拔缝合。

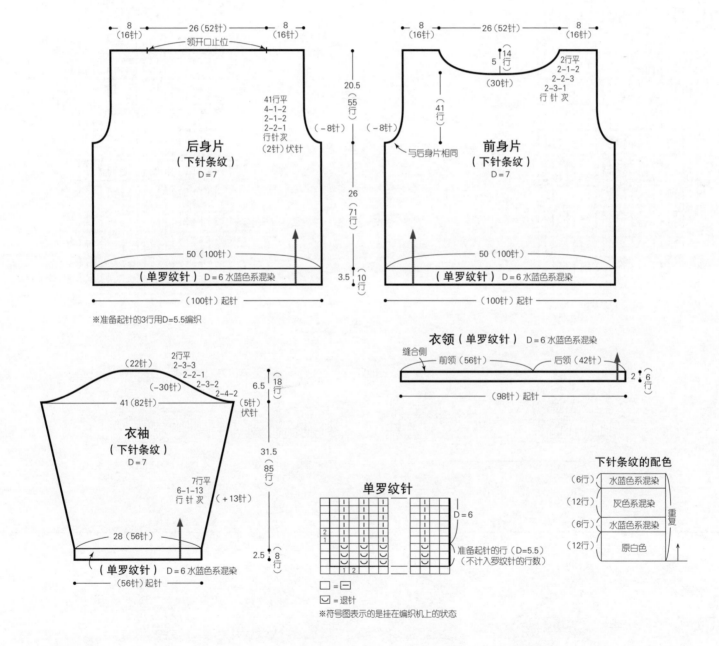

170

材料

钻石线 Diacosta Uno 浅紫色（531）290g/9 团，Diaraconter 褐色、红色与蓝绿色系段染（2202）45g/2 团

工具

编织机 Amimumemo（6.5mm）

成品尺寸

胸围104cm，衣长51.5cm，连肩袖长 56.5cm

编织密度

10cm×10cm面积内：下针编织19针，32.5行；条纹花样19针，36.5行

编织要点

●身片、衣袖…身片另色线起针后，做下针编织和条纹花样。换线方法和条纹花样的编织方法参照第66页。在下摆侧换线。编织终点分成胁部和衣袖挑针位置，分别编织几行另色线后从编织机上取下。右肩做挑针缝合。右袖从身片挑针后，做下针编织和条纹花样。衣领、下摆、袖口与身片一样起针后，分别编织条纹花样。衣领与身片之间做机器缝合。左肩、衣领侧边做挑针缝合。左袖做下针编织。

●组合…下摆、袖口分别与身片、衣袖做机器缝合。胁部也做机器缝合，下摆侧边、袖下做挑针缝合。

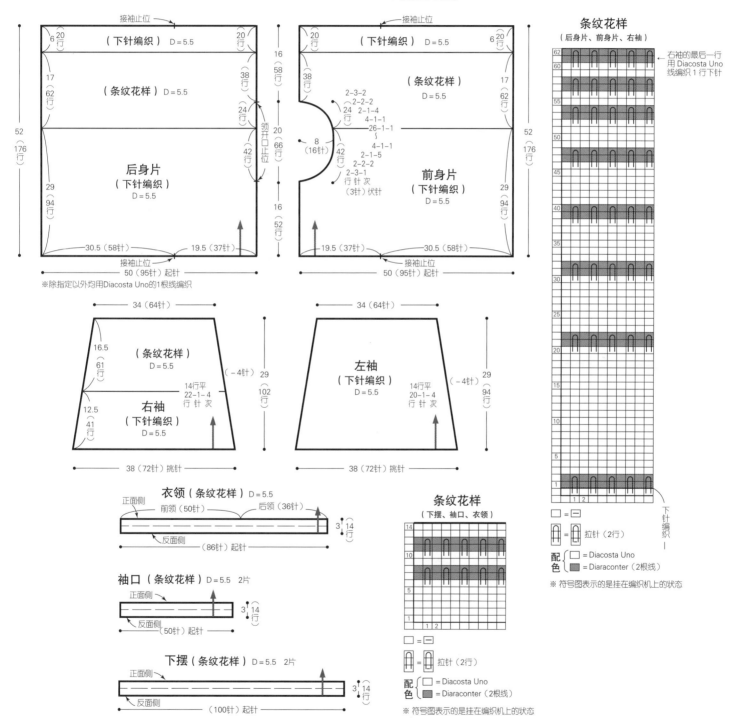

KEITO DAMA 2023 SPRING ISSUE Vol.197（NV11737）

Copyright © NIHON VOGUE-SHA 2023 All rights reserved.

Photographers: Shigeki Nakashima, Hironori Handa, Toshikatsu Watanabe, Bunsaku Nakagawa, Noriaki Moriya

Original Japanese edition published in Japan by NIHON VOGUE Corp.

Simplified Chinese translation rights arranged with BEIJING Vogue Dacheng Craft Co., Ltd.

备案号：豫著许可备字-2023-A-0061

图书在版编目（CIP）数据

毛线球.45, 姹紫嫣红的手编毛衫 / 日本宝库社编著；蒋幼幼，如鱼得水译. —郑州：河南科学技术出版社, 2023.6（2024.7 重印）

ISBN 978-7-5725-1207-0

Ⅰ.①毛… Ⅱ.①日… ②蒋… ③如… Ⅲ.①绒线—手工编织—图解 Ⅳ.①TS935.52-64

中国国家版本馆CIP数据核字（2023）第082956号

出版发行：河南科学技术出版社

地址：郑州市郑东新区祥盛街27号　　邮编：450016

电话：（0371）65737028　　65788613

网址：www.hnstp.cn

策划编辑：仝广娜

责任编辑：梁　娟

责任校对：王晓红　刘逸群

封面设计：张　伟

责任印制：张艳芳

印　　刷：北京盛通印刷股份有限公司

经　　销：全国新华书店

开　　本：635 mm×965 mm　1/8　印张：21.5　字数：350千字

版　　次：2023年6月第1版　2024年7月第2次印刷

定　　价：69.00元

如发现印、装质量问题，影响阅读，请与出版社联系并调换。